精益工程视频讲堂（CAD/CAM/CAE）

UG NX 8 三维造型设计及制图

谢龙汉　编著

清华大学出版社

北　京

内容简介

本书以 UG NX 8 中文版为蓝本进行编写，共分为 10 讲，依次介绍了 UG NX 8 基本操作、基本曲线、高级曲线、草图、主体特征建模、特征操作与编辑、曲面编辑、装配以及工程制图等内容。除第 1 讲外，其他各讲均按照"实例·模仿→功能讲解→实例·操作→实例·练习"的结构进行顺序讲解（每讲以一个简单的例子开篇，易于读者理解与操作；在引起读者兴趣后，详细剖析该模块的主要功能以及注意事项；最后以综合实例巩固所学到的知识）。本书通过典型实例操作与重点知识相结合的方法，全面、深入地介绍了 UG NX 8 进行三维造型及制图的相关知识。

本书语言简洁、形象直观，基本功能全面，循序渐进，并配有全程操作视频，包括详细的功能操作讲解和实例操作过程讲解，读者可以通过观看视频来学习。

本书可以作为 NX 各版本（NX 5.0、NX 6.0、NX 7.0、NX 7.5 及 NX8）的初学者入门和提高的学习教程，也可以作为各大中专院校相关专业、培训机构的教材，还可供具有中专及以上文化程度的设计人员或学者使用，是从事 CAD/CAE/CAM 相关领域工作的技术人员有价值的参考书。

本书封面贴有清华大学出版社防伪标签，无标签者不得销售。

版权所有，侵权必究。举报：010-62782989，beiqinquan@tup.tsinghua.edu.cn。

图书在版编目（CIP）数据

UG NX 8 三维造型设计及制图/谢龙汉编著. —北京：清华大学出版社，2013.3（2021.9 重印）
（精益工程视频讲堂　CAD/CAM/CAE）

ISBN 978-7-302-31613-8

I. ①U… II. ①谢… III. ①三维-机械制图-计算机辅助设计-应用软件 IV. ①TH122

中国版本图书馆 CIP 数据核字（2013）第 031180 号

责任编辑：钟志芳
封面设计：刘超
版式设计：文森时代
责任校对：张兴旺
责任印制：杨　艳

出版发行：清华大学出版社
　　　　网　　　址：http://www.tup.com.cn，http://www.wqbook.com
　　　　地　　　址：北京清华大学学研大厦 A 座　　　邮　　编：100084
　　　　社 总 机：010-62770175　　　　　　　　　邮　　购：010-62786544
　　　　投稿与读者服务：010-62776969，c-service@tup.tsinghua.edu.cn
　　　　质 量 反 馈：010-62772015，zhiliang@tup.tsinghua.edu.cn
印 装 者：涿州市京南印刷厂
经　　销：全国新华书店
开　　本：185mm×260mm　　　印　　张：19.25　　字　　数：445 千字
　　　　（附 DVD 光盘 1 张）
版　　次：2013 年 3 月第 1 版　　　　　　　印　　次：2021 年 9 月第 9 次印刷
定　　价：59.80 元

产品编号：048822-02

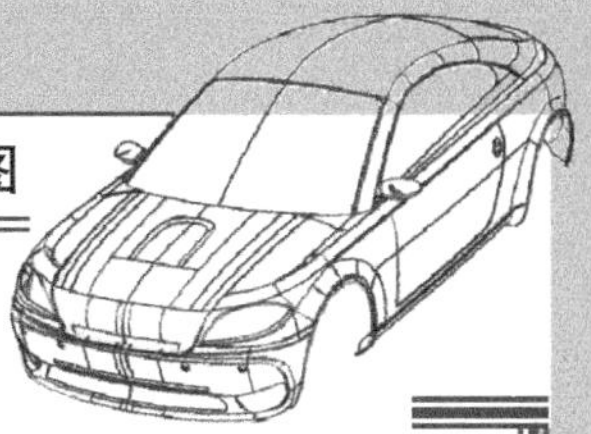

腾龙科技

主编： 谢龙汉

编委：

林　伟	魏艳光	林木议	郑　晓	吴　苗
林树财	林伟洁	王悦阳	辛　栋	刘艳龙
伍凤仪	张　磊	刘平安	鲁　力	张桂东
邓　奕	马双宝	王　杰	刘江涛	陈仁越
彭国之	光　耀	姜玲莲	姚健娣	赵新宇
莫　衍	朱小远	彭　勇	潘晓烨	耿　煜
刘新东	尚　涛	张炯明	李　翔	朱红钧
李宏磊	唐培培	刘文超	刘新让	林元华

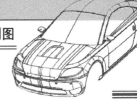

前　　言

丰田汽车公司的"精益生产"精神，造就了丰田汽车王国，也直接影响了日本的整个工业体系，包括笔者曾经工作过的本田汽车公司。精益生产的精髓是"精简"和"效率"，简单地说，只有精简组织结构，才能达到最大的生产效率。产品设计开发是复杂、烦琐、反复的设计过程，只有合理地组织设计过程，使用合理的设计方法，才能最大限度地提高设计开发的效率。因此，将精益生产的理念运用于设计开发阶段具有重要的现实意义。本丛书所提出的"精益工程"，包括精益设计（针对设计领域）、精益制造（针对数控加工领域）和精益分析（针对工程分析），其主要理念是：功能简洁必要、组织紧凑合理、学习高效方便。

UG（Unigraphics）是集 CAD/CAE/CAM 于一体的三维机械设计软件，也是当今世界上应用广泛的计算机辅助设计、分析与制造软件之一，大规模地应用于汽车、交通、航空航天、日用消费品、通用机械及电子工业等工程设计领域。UG NX 8 是 NX 系列的最新版本（兼容NX 5.0、NX 6.0、NX 7.0、NX7.5 等版本），也是软件商重点推广的版本。本书精选 UG 在 CAD领域应用所需的相关知识点进行详细讲解，并以丰富的案例、全视频讲解等方式进行全方位教学。

本书的特色

本书除第 1 讲外，其他各讲以"实例·模仿→功能讲解→实例·操作→实例·练习"为叙述结构，通过典型实例操作和重点知识讲解相结合的方式，全面、深入地介绍了 UG NX 8 的操作基础、常用的功能。在讲解中力求紧扣操作、语言简洁、形象直观，避免冗长的解释说明，省略对不常用功能的讲解，使读者能够快速了解 UG NX 8 的使用方法和操作步骤。

全书录制视频

本书将实例讲解、功能讲解、练习等全部内容，按照课堂教学的形式录制为多媒体视频，使读者如临教室，有助于提高学习效率。读者甚至可以抛开书本，按照书中列出的视频路径，从光盘中打开相应的视频，使用 Windows Media Player 等常用播放器进行观看、学习。如果无法正常播放，请安装光盘中的 tscc.exe 插件。

本书内容

本书共 10 讲，包含大量图片，形象直观，便于读者学习和模仿操作。随书附赠光盘包含书中全部教学视频及实例讲解的操作源文件，方便读者自学。

第 1 讲为 NX 8 简介及基本操作。首先对 UG NX 软件进行概述，并对 NX 8 版本的新功能进行介绍。然后对操作界面、系统属性、视图布局、工作图层及设置、对象操作、坐标系设置与常用工具进行详细地讲解。通过对本讲的学习，读者能够初步认识 UG NX。

第 2、3 讲对基本的曲线和高级曲线进行讲解。通过对这两讲的学习，读者可以掌握各种曲线的创建及编辑方法。

第 4 讲对 UG NX 中的草图绘制进行详细讲解，包括草图工作平面、草图曲线绘制、草图的约束以及草图编辑等内容。通过对本讲的学习，使读者具备绘制及编辑各种草图曲线的能力。

第 5、6 讲对 UG NX 中的主体特征建模及特征操作与编辑进行详细地讲解，包括基本体素特征、扫掠特征、成型特征、细节特征以及特征复制与编辑等内容。通过对这两讲的学习，使读者具备创建三维实体模型以及对其进行编辑的能力。

第 7、8 讲对 UG NX 中的曲面创建和编辑进行详细地讲解，包括创建各种不同的曲面与编辑方式。通过对这两讲的学习，使读者具备创建与编辑基本复杂曲面的能力。

第 9 讲对装配建模进行详细地讲解，包括装配综述、装配操作以及爆炸图的创建与编辑等内容。通过对本讲的学习，使读者具备基本的在 UG 环境中进行三维模型装配表达的能力。

第 10 讲对 UG NX 中的工程制图进行详细地讲解，包括工程图中各种参数的预设置含义、不同视图的创建与编辑方法以及工程图中的标注功能等内容。通过对本讲的学习，使读者具备在 UG 环境中进行模型二维参数化表达的能力。

本书有两个附录，其内容为 UG NX 8 的安装方法和模拟试卷，供有需要的读者参考。

本书读者对象

本书操作性强、指导性强、语言简练，可作为 UG NX 各版本初学者入门和提高的学习教程，也可作为各大中专院校相关专业和培训机构的 UG NX 教材，还可供从事产品设计、三维造型等领域的相关工作人员参考使用。

学习建议

建议读者按照本书编排的先后顺序学习 UG NX 软件。从第 2 讲开始，首先浏览"实例·模仿"部分，然后打开相应的视频文件仔细观看，再根据实例的操作步骤在 UG 中进行操作练习。如果遇到操作困难的地方，可以再次观看视频。对于"功能讲解"部分，读者可以先观看每一节的视频，然后动手进行操作。对于"实例·操作"部分，建议读者直接根据书中的操作步骤动手操作，完成后再观看视频以便加深印象，并解决操作中遇到的问题。对于"实例·练习"部分，建议读者根据实例的要求自行练习，遇到无法解决的问题再查看书中操作步骤或观看操作视频。关于光盘的使用方法，请读者参见光盘中的 Readme.doc 文档。

感谢您选用本书进行学习，恳请您将对本书的意见和建议告诉我们，电子邮箱地址为 *xielonghan@yahoo.com.cn*。

祝您学习愉快！

编　者

目　　录

第 1 讲　UG NX 8 操作基础

UG（Unigraphics）是集 CAD/CAE/CAM 于一体的三维机械设计平台，也是当今世界上应用最广泛的计算机辅助设计、分析与制造软件之一，大规模地应用于汽车、交通、航空航天、日用消费品、通用机械及电子工业等工程设计领域。UG NX 8 是 NX 系列的最新版本，本讲将对其基本操作作具体介绍。

 本讲内容

- ❯ 新功能简介
- ❯ 操作界面
- ❯ 系统属性设置
- ❯ 视图布局设置

- ❯ 工作图层及设置
- ❯ 对象操作
- ❯ 坐标系设置
- ❯ 常用工具

1.1　新功能简介

Siemens PLM Software 公司的强大三维设计软件 UG 的最新版本 NX 8，提供了建模、数字仿真、NC 编程、PLM 集成等各方面的新功能和改进功能，其设计方面的优点具体体现在以下几个方面。

◆ 简化导入的几何体工作流程：NX 8 提供了新的面优化以及倒圆替换功能，可简化使用导入的或经转换的几何体的工作。为了对曲面进行优化，此软件简化了曲面类型，能对面进行合并，提高了边缘准确性，并能识别曲面倒圆。NX 8 还可以将导入的 B 曲面转换为规则曲面，如滚球倒圆等，更易于通过更改尺寸参数进行编辑。对于原始模型或导入的模型，无论特征历史如何，用户都可以向有倒圆的面分配倒角属性和调整其大小，从而添加偏置与角度。

◆ 特征创建选项简化后需变更：在 NX 8 中，用户可以在使用不依赖历史的方法建模孔、边缘倒圆和倒角时创建参数化特征。通过此选项，特征参数得以保留，以便以后使用参数输入更改几何体。

◆ 改善不依赖于历史的装配建模：在不依赖历史模式中，移动面的能力在 NX 8 中得到了增强，能够同时操作装配体中的多个部件面。用户直接更改选择范围（包括整个装配体），就可以将此功能扩展到活动零件以外。

◆ 改善阵列建模：不依赖历史的模式中的面阵列操作会在零件导航器中创建阵列特征，能更方便地进行编辑。当用户移动或者拉动任何阵列实例上的面或偏置区域时，所有实例都将更新，应用到阵列实例的倒圆、倒角和孔等其他特征也会在编辑阵列时自动更新。

◆ 改善了薄壁零件的处理：很多面编辑命令都添加了一个选项，用于简化彼此偏置。此功能可识别薄壁零件（如筋板）的厚度，简化塑料与钣金零件的同步建模。

◆ 在同步模式中更好地进行定位，成功体现设计意图：NX 8 添加了尺寸锁定和固定约束功能，从而防止大小或位置的改变。增加了一个新命令，用于向所选面添加三维固定约束，从而建立所需的行为。在不依赖历史的模式中，线性、角度和半径尺寸均包括一个锁定选项。这些工具能够有效地向没有历史记录和参数的模型添加设计规则。用户可以使用新的显示命令高亮显示和审查固定约束和锁定的尺寸。

◆ 简化横截面编辑：NX 8 能在不依赖历史的模式中简化基于横截面的三维模型更改。设计者可以通过更改横截面曲线来切割模型和编辑模型或其特征。

◆ 改善形状评估：NX 8 在核心建模工具集中包括曲线形状分析。用户可以通过曲率梳显示分析曲线和边缘，能够完全控制顶部轮廓线、梳针的数量与颜色、比例和比例因子。NX 8 还显示曲率顶点与拐点。此外，用户还可以评估曲线和参考对象之间的连续性，以检查偏差，如位置、相切和加速度误差。新工具在曲面建模方面尤为有用，能够验证用于创建曲面的曲线之间的连续性。

随着版本的提高，UG 的功能变得更加强大。UG 由多模块组成，其中各模块均以 Gateway 环境为基础，彼此之间既有联系又相互独立。本书只针对其 CAD 模块进行介绍，具体包括实体建模、特征建模、自由形状建模、工程制图、装配建模等。

1.2 操作界面

1.2.1 操作界面简介

双击桌面上的 NX 8 快捷方式图标或者在【开始】菜单中单击 NX 8 图标，均可启动 UG。进入启动画面后，单击工具栏中的【新建】按钮或者选择【文件】/【新建】命令，系统将弹出如图 1-1 所示的【新建】对话框。

【新建】对话框中有 6 个选项卡：模型、图纸、仿真、加工、检测和机电概念设计。选择默认的"模型"选项卡，在【新文件名】栏中输入文件名称与存放文件路径（全英文字符），单击【确定】按钮，将弹出如图 1-2 所示的 NX 8 的基本操作界面。

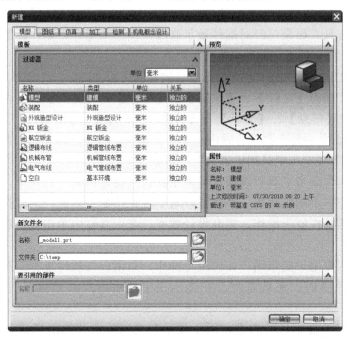

图 1-1 【新建】对话框

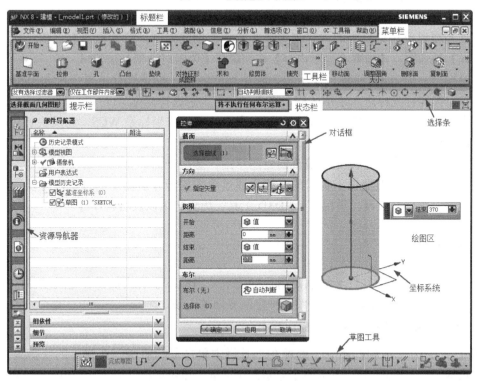

图 1-2 NX 8 的基本操作界面

NX 8 的基本操作界面由标题栏、菜单栏、工具栏、绘图区、提示栏、状态栏和资源导航器等部分组成，下面分别介绍几个主要的组成部分。

◆ 标题栏：位于 NX 8 操作界面的顶部，用来显示软件名称和版本号，以及当前的模块和文件名等信息。如果已经对部件做了修改，但还未保存，则在标题栏文字后将会显示"修改的"提示信息（如图 1-2 所示）。

◆ 菜单栏：位于标题栏的下方，包括了该软件的主要功能，一个菜单对应 NX 8 的一个功能类别，分别为【文件】、【编辑】、【视图】、【插入】、【格式】、【工具】、【装配】、【信息】、【分析】、【首选项】、【窗口】、【GC 工具箱】和【帮助】13 个菜单。单击每个菜单将弹出一个下拉菜单，其中显示与该功能有关的命令选项。在 NX 8 的下拉菜单中只列出了常用的功能。

◆ 工具栏：包含众多工具栏选项，但系统默认只会显示其中的几个。工具栏是各种图标的集合，每一个图标代表一个功能，与下拉菜单命令对应，两者执行相同的功能。合理地使用工具栏便于操作，提高设计效率。在工具栏中单击鼠标右键可对工具进行显示设置。

◆ 提示栏：主要用于提示用户如何进行操作，是用户与软件进行交互的主要窗口之一。执行每个命令时，系统都将会在提示栏中显示用户必须执行的操作，或者下一个操作。

◆ 状态栏：位于提示栏的右方，用于显示有关当前选项的消息或者最近完成的功能信息，这些信息不需要回应。

◆ 对话框：在 NX 8 为用户提供的各种建模方式及操作都将以对话框的形式呈现，用户根据需要以及对话框中的内容来完成各操作的创建方式，对话框的右上角包括【撤销操作】按钮、【隐藏不显示内容】按钮和【关闭对话框】按钮。

◆ 绘图区：是 UG 创建、显示和编辑图形的区域，也是进行结果分析和模拟仿真的窗口。当鼠标光标进入绘图区后，将会显示为十字选择光标。

◆ 坐标系统：绘图区中显示有绝对坐标系 ACS 与工作坐标系 WCS，它反映了当前所使用的坐标系形式与坐标系方向。

◆ 资源导航器：用于浏览和编辑创建的草图、基准平面、特征和历史记录等。在默认情况下，资源导航器位于窗口的左侧。通过单击资源导航器上的按钮，可以调用装配导航器、部件导航器、重用库、HD3D 工具、历史记录以及材料库等。

1.2.2 定制界面

系统默认的操作界面往往无法满足用户的需求。因此，系统提供了自定义功能，帮助用户对自己的操作界面进行定制。下面介绍两种定制界面的方法。

1. 通过【定制】对话框设置界面

选择【工具】/【定制】命令，或者在工具栏中单击鼠标右键，在弹出的快捷菜单中选择【定制】命令，弹出如图 1-3 所示的【定制】对话框，该对话框共有 5 个选项卡。下面将分别进行介绍。

【工具条】选项卡的作用如下。

◆ 显示/隐藏工具栏：选中工具栏名称前的复选框，则该工具栏将显示在系统主界面上；
取消选中复选框，将在主界面上隐藏相应的工具栏。

◆ 新建/删除工具栏：单击【新建】按钮，在弹出的【工具条属性】对话框中输入名称和
选中相应的功能模块，可建立用户自己的工具栏，同样也可以利用【删除】命令删除
用户创建的工具栏。

◆ 加载工具条文件：对话框可以加载某个工具条文件（*.tbr），具体方法可参考 UG 二次
开发相关书籍。

◆ 重置工具条：将工具栏恢复为默认初始状态。

◆ 文本在图标下面：选中【文本在图标下面】复选框，可使每个图标下都有相关的文字
说明。

选择【定制】对话框中的【命令】选项卡，如图 1-4 所示。在对话框左侧的【类别】列表
框中选择要添加的按钮类型，然后在其右侧的【命令】列表框中选择所需命令并拖动到指定的
工具栏中即可。

图 1-3　【工具条】选项卡　　　　　　　　图 1-4　【命令】选项卡

选择【定制】对话框中的【选项】选项卡，如图 1-5 所示，其中包括如下选项。

◆ 个性化的菜单：用于修改菜单的显示方式。选中【始终显示完整的菜单】复选框，则
打开菜单折叠；选中【在短暂的延迟后显示完整的菜单】复选框，则在打开菜单后，
将光标停留在折叠处片刻菜单将自动展开；单击【重置折叠的菜单】按钮，可将菜单
恢复到最初的默认状态。

◆ 工具提示：若不想在屏幕上看到提示，取消选中【显示菜单和工具条上的屏幕消息】
复选框即可。若不想在屏幕提示中看到快捷键，取消选中【显示快捷键】复选框即可。

◆ 工具条/菜单图标大小：用于设定工具条或者菜单图标的大小。

选择【定制】对话框中的【布局】选项卡，如图 1-6 所示，其中【重置布局】按钮用于将
布局重置到系统默认设置；【提示/状态位置】栏用于设置主界面中提示栏和状态栏的显示位置；
【停靠优先级】栏用于设置工具栏是水平还是竖直摆放；【选择条位置】栏用于设置【选择条】

工具栏的位置；【显示小选择条】复选框用于设置小选择条的显示。

图 1-5　【选项】选项卡　　　　　　　　　　　图 1-6　【布局】选项卡

2. 通过角色功能设置界面

在 NX 8 中还可以通过角色功能来定义某种界面环境。每种角色就是定义好的、与某种操作界面环境相关联的使用者，用户可以通过使用已定义好的软件角色，得到相应的界面环境显示效果。

单击【资源导航器】工具栏中的【角色】按钮，在导航器显示区中会显示目前系统已有的使用角色，如图 1-7 所示，用户可通过单击对应图标选择该角色进行界面定制。

通过选择【定制】对话框的【角色】选项卡，或者使用【角色】资源导航器的右键快捷菜单，可以创建新的角色类型，此时系统会弹出【角色属性】对话框。利用该对话框可以设置使用该角色时系统操作界面上显示的工具栏的种类。

图 1-7　【资源导航器】角色功能与【角色属性】对话框

1.3　系统属性设置

系统属性设置的作用在于构建对象前，通过设置系统中某些控制参数，如对象的颜色、线型和显示方式等，可以方便用户进行观察与后续操作。其中大部分命令集中于菜单栏的【首选项】下，另外，还可以选择菜单栏中的【文件】/【实用工具】/【用户默认设置】命令，如图 1-8 所示，在该对话框中弹出的【用户默认设置】对话框中定制环境控制参数，但需要重启 UG。有基本环境与各模块的参数，一般情况下使用默认值即可。本节将介绍几种常用参数的预设值。

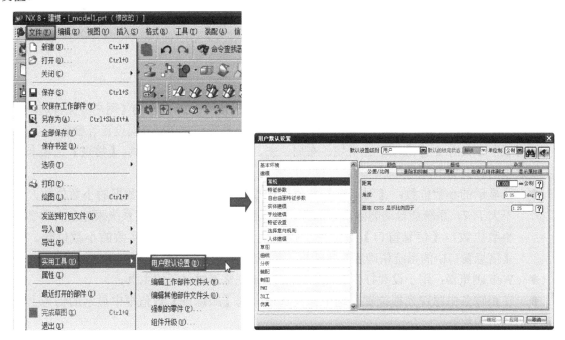

图 1-8　【用户默认设置】对话框

1.3.1　对象首选项

选择菜单栏中的【首选项】/【对象】命令，弹出如图 1-9 所示的【对象首选项】对话框，主要用于设置新对象的属性，如颜色、宽度、线型等。

其中，如果选择【类型】下拉列表框中的"默认"选项，所有的新建对象都将使用相同的颜色或者线型等属性。【继承属性】按钮用于继承某个对象的属性设置，在想要继承某个对象的属性参数之前，先选择对象类型，接着单击【继承属性】按钮，选择要继承的对象，这样新设置的对象就会和原来的某个对象有相同的属性参数。单击【信息】按钮，可显示对象属性设置的信息对话框，说明各种对象类型属性设置的值。

视频教学

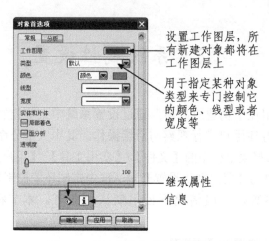

设置工作图层，所有新建对象都将在工作图层上

用于指定某种对象类型来专门控制它的颜色、线型或者宽度等

继承属性

信息

图 1-9 　【对象首选项】对话框

1.3.2　用户界面首选项

选择菜单栏中的【首选项】/【用户界面】命令，弹出如图 1-10 所示的【用户界面首选项】对话框，用于设置窗口位置、显示设置的数值精度、宏选项设置和对话框界面设置等参数。

该对话框中共有 5 个选项卡：常规、布局、宏、操作记录和用户工具。【常规】选项卡中几个主要选项的含义如下。

◆ 已显示的小数位数：【对话框】数值用于设置系统对话文本框数据的小数位数，一般不大于 7，系统会自动删除多余部分。【跟踪条】数值用于设置系统跟踪条文本字段的小数位数。【信息窗口】数值用于控制信息窗口文本字段中实数的小数位数。选中【信息窗口中的系统精确度】复选框，可以设置使用系统精度显示。

◆ Web 浏览器：用于设置打开 Internet Explorer 浏览器时显示的主页。

◆ 在跟踪条中跟踪光标位置：选中该复选框，则【跟踪条】数值框中显示的仍为上一次显示的数值。

◆ 确认撤销：选中该复选框，当执行【撤销】命令时，会弹出【确认】对话框，提示用户是否执行【撤销】命令。

【布局】选项卡用于设置对话框的显示风格、资源条的位置等，如图 1-11 所示，其中主要选项的含义如下。

◆ Windows 风格：用于设置对话框的显示风格，包括"NX（推荐）"、"NX 带系统字体"和"系统主题"3 个选项。

◆ 资源条：用于设置资源条在窗口的显示位置等属性。

◆ 设置：用于设置是否保存布局及恢复窗口的显示位置。若选中【退出时保存布局】复选框，当退出 UG 时，将保存当前窗口及工具栏的位置，重新打开 UG 时，窗口位置保持原样。单击【重置窗口位置】按钮，系统会将所有的 NG 对话框以及图形窗口恢复到默认状态。如果随意移动窗口后的界面变得混乱，可以使用该功能恢复 NX 的外观。

图 1-10　【用户界面首选项】对话框　　　　图 1-11　【布局】选项卡

1.3.3　可视化首选项

选择菜单栏中的【首选项】/【可视化】命令，弹出如图 1-12 所示的【可视化首选项】对话框，用于设置绘图区的显示属性。

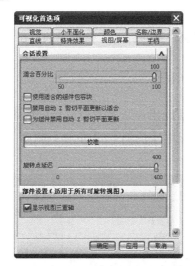

图 1-12　【可视化首选项】对话框

【可视化首选项】对话框提供了各种控制显示选项，一般默认设置就能够满足需求，因此不需要作过多的调整。

1.3.4　工作平面首选项

选择菜单栏中的【首选项】/【栅格和工作平面】命令，弹出如图 1-13 所示的【栅格和工作平面】对话框,用于设置网格形式以及显示方式。

图 1-13　　【栅格和工作平面】对话框

1.4　视图布局设置

视图布局的主要作用是在绘图区内显示多个视角的视图,方便用户观察和操作模型。用户可以定义系统默认的视图或者生成自定义的视图布局,同一个布局中只有一个工作视图,其他均为非工作视图,所进行的视图操作都是针对工作视图的,用户可以随意更改。

1.4.1　布局功能

熟练地使用布局功能,能够帮助用户从多方位、不同的视角观察模型,准确无误地创建符合设计要求的模型。选择菜单栏中的【视图】/【布局】命令,在级联菜单中包括了各种针对布局的操作命令,如图 1-14 所示。

图 1-14　　【布局】菜单选项

视频教学

各命令的作用如下。

◆ 新建：选择该命令，弹出如图 1-15（a）所示的【新建布局】对话框，用于设置布局的形式和各种视图的视角。

◆ 打开：选择该命令，在弹出的如图 1-15（b）所示的【打开布局】对话框中，按照用户选择的方式显示操作对象。

◆ 适合所有视图：自动调整当前视图布局中的中心与比例，使实体模型最大程度地显示在每个视图边界内，只有在定义了视图布局后，该命令才会被激活。

◆ 更新显示：对实体进行修改后，可以使用该命令使每一幅视图进行实时显示。

◆ 重新生成：系统将重新生成布局中的每一个视图。

◆ 替换视图：选择该命令，在弹出的【替换视图】对话框中，可以替换某一个视图。

◆ 删除：选择该命令，在弹出的【删除视图】对话框中，可以删除某一布局。

◆ 保存/另存为：用于保存或另存一个布局。

（a）

（b）

图 1-15 【新建布局】与【打开布局】对话框

1.4.2 布局操作

布局的操作通过选择菜单栏中的【视图】/【操作】命令进行，如图 1-16 所示，主要用于在指定视图中改变模型的显示尺寸和显示方位。

主要命令的作用如下。

◆ 适合窗口：系统将模型的所有对象合理地调整到绘图区的中心，保存原有显示方位，快捷键为 Ctrl+F。

◆ 缩放：选择该命令，在弹出的如图 1-17（a）所示的【缩放视图】对话框中，用户可以根据比例或者其他几种方式针对视图进行缩放。

◆ 旋转：选择该命令，在弹出的如图 1-17（b）所示的【旋转视图】对话框中，系统可以将模型沿指定的轴线旋转一定的角度，或者绕工作坐标系原点自由旋转，使模型的显示方位发生变化，但保持模型的显示大小。

◆ 非比例缩放选项：拖动鼠标生成一个矩形，系统将根据矩形的比例缩放实际模型。

◆ 原点：用于指定视图的显示中心，视图将定位到利用点构造器构造的中心点上。
◆ 导航选项：拖动鼠标产生轨迹，或者单击【重新定义】按钮，选择已存在的边或曲线定义轨迹，模型将沿轨迹运动。
◆ 镜像显示：系统根据用户设置的镜像平面生成镜像显示，默认镜像平面为 XZ 平面。
◆ 设置镜像平面：通过设置镜像平面对工作部件进行镜像显示。
◆ 恢复：恢复视图为原有显示状态。

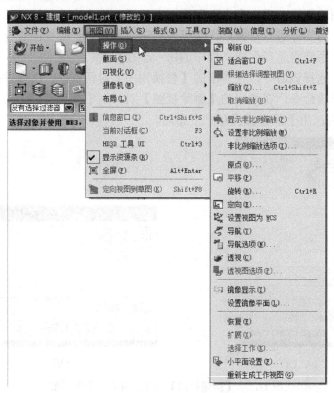

图 1-16　【操作】菜单选项

（a）

（b）

图 1-17　【缩放视图】与【旋转视图】对话框

视频教学

1.5 工作图层及设置

使用图层功能可将不同类型的对象合理地放置到每一个图层中，并通过设置图层的相关属性来显示或隐藏复杂的零部件模型。图层可以理解为包含相关对象的透明层的叠加，所有图层的叠加就构成模型的所有对象。熟悉图层的操作不仅可以提高设计速度，还可以提高模型零件的质量，减少出错率。

在所有图层中，只有一个工作图层，所有的操作均在工作图层上完成，其余图层可以通过设置其可见性与可选择性等属性进行辅助工作，创建对象之前，应先指定工作图层。为了便于图层管理，系统采用层号加以表示和区分。每一个文件中最多可以包含 256 个图层，分别用 1～256 表示。

1.5.1 图层类别

划分图层的类别可以使用户按照层组查找和分类管理图层，提高效率。单击【实用工具】栏中的【图层类别】按钮 ，或者选择菜单栏中的【格式】/【图层类别】命令，弹出如图 1-18 所示的【图层类别】对话框。

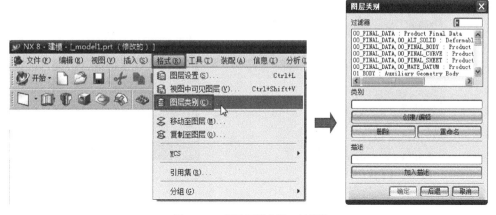

图 1-18 【图层类别】对话框

该对话框中各选项的含义如下。

◆ 过滤器：用于对已存在的图层类别名称进行筛选。其下方列表框中显示已存在的图层种类或筛选后的图层种类，用户也可以直接在列表框中选择需要编辑的图层。系统已包括若干预定义的层组，包括曲线层（04_CURVE）、基准层（03_DATUM）、曲面层（05_SHEET）、草绘层（02_SKETCH）和实体层（01_BODY）等。

◆ 类别：用于输入新建层组的名称。需要注意的是，尽量选择带有特殊意义的名称。

◆ 创建/编辑：用于创建新的层组或者编辑已有层组。

◆ 【删除】按钮：用于删除已有层组。

◆ 【重命名】按钮：用于重命名已有层组。

◆ 描述：用于添加针对层组的描述性文字。

1.5.2 图层设置

图层设置包括图层的编辑、显示与选择、工作层的设置等。通过对图层的设置，可以利用针对层的操作来统一管理层上的对象，虽然不同的用户对图层的使用习惯不同，但是同一设计单位要保证图层设置一致。

单击【实用工具】工具栏中的【图层设置】按钮，或者选择菜单栏中的【格式】/【图层设置】命令，系统将弹出如图 1-19（a）所示的【图层设置】对话框。

（a）

（b）

图 1-19 【图层设置】对话框

该对话框中各选项的含义如下。

◆ 选择对象：通过选择模型中的对象获取所在图层。

◆ 工作图层：用于输入需要设置为当前工作图层的层号。在该文本框中输入所需的层号后，系统自动将该图层设置为工作图层。

◆ 按范围/类别选择图层：用于输入范围或者图层的类别进行筛选操作。当输入种类的名称并按 Enter 键确认后，系统将自动选中所有属于该种类的图层，并改变其状态。

◆ 类别过滤器：该选项右侧文本框中的"*"符号表示接受所有的图层种类，其中的列表框用于显示各种类的名称以及相关描述。

◆ 显示：用于控制【图层/状态】列表框中图层的显示类别。该下拉列表中包括 4 个选项，其中，"所有图层"选项指在图层状态列表中显示所有的层；"含有对象的图层"选项指仅显示含有对象的图层；"所有可选图层"选项指仅显示可选择的图层；
"所有可见图层"选项指仅显示所有可见图层。

◆ 图层控制：在选择图层之后，该下拉列表框提供了 4 种对图层的操作。"设为可选"
选项使得用户可以选择该图层上的所有元素，并且列表中相应名称前的复选框被选中；
"设为工作状态"选项用于将某一图层设置为工作图层，在列表中，该层将有 Work 标
记；"设为仅可见"选项使得系统显示该图层上的所有对象，但这些对象仅可见，无法
选择或者编辑；"设为不可见"选项用于隐藏该图层上的所有对象，如图 1-19（b）所示
【图层控制】下拉列表框。另外，该下拉列表框还包括"信息"选项，用于查看零件
文件所有图层和所属种类的相关信息，选择该选项将打开【信息】窗口。

◆ 设置：【全部适合后显示】复选框用于在更新显示前吻合所有过滤类型的视图，启用
该功能后对象将充满显示区域。

1.5.3 图层操作

在创建对象时，会由于没有设置图层或者操作失误，而将一些不相关的对象放入同一图层
中，此时便需要进行图层的操作。图层操作指令包括【移动至图层】与【复制至图层】，其中
【移动至图层】用于将对象从一个图层移动到另一个图层上，而【复制至图层】用于将一个对
象从一个图层复制到另一个图层上，原有对象将同时存在于两个图层上。

单击【实用工具】工具栏中的【移动至图层】按钮，或者选择菜单栏中的【格式】/【移
动至图层】命令，弹出如图 1-20（a）所示的【类选择】对话框，在【对象】栏中选择【选择对
象】选项后单击【确定】按钮，弹出如图 1-20（b）所示的【图层移动】对话框。输入目标图层
或类别名称后单击【确定】按钮，对象即可移动到指定的图层上。

（a）   （b）

图 1-20 【类选择】与【图层移动】对话框

【复制至图层】的使用方法与【移动至图层】类似，单击【实用工具】工具栏中的【复制
至图层】按钮，或者选择菜单栏中的【格式】/【复制至图层】命令即可调用。

1.6　对象操作

在建模过程中，用户在绘图区创建的点、线、图层、实体与特征等均被称为操作对象。对象的操作包括隐藏与显示、对象的变换等。

1.6.1　对象的隐藏

在设计过程中，对于某些复杂模型，若在绘图区显示太多的对象会显得比较杂乱。为了便于操作，可以隐藏某些对象，在需要时再将其显示。对于同一图层上的对象，可以使用对象的隐藏操作将其隐藏；而对于不同图层上的对象，除了使用对象的隐藏操作之外，还可以对图层进行设置将其隐藏。

在菜单栏中选择【编辑】/【显示与隐藏】级联菜单中的相关操作命令，如图 1-21 所示，可以实现对象的隐藏和还原功能。

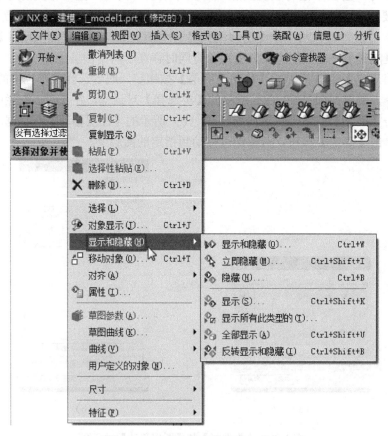

图 1-21　显示和隐藏菜单及工具条

该级联菜单中各命令的含义如下。

◆　显示和隐藏：对模型中的所有对象进行分类控制显示状态。选择该命令，弹出【显示和隐藏】对话框，如图 1-22 所示。

◆ 立即隐藏：选择该命令后，鼠标点选到的对象会被立刻隐藏。

◆ 隐藏：选择该命令，弹出【类选择】对话框，选择对象后单击【确定】按钮即可完成隐藏。

◆ 显示：选择该命令，弹出【类选择】对话框，同时显示所有被隐藏的对象，用于选择需要显示的被隐藏对象。

◆ 显示所有此类型的：选择该命令，弹出如图 1-23 所示的【选择方法】对话框，可以利用各种过滤方式确定需要显示的对象。

◆ 全部显示：显示所有对象。

◆ 反转显示和隐藏：显示原有隐藏对象，隐藏现有显示对象。

图 1-22　【显示和隐藏】对话框

图 1-23　【选择方法】对话框

1.6.2　对象的显示

系统提供了针对对象的显示效果控制和观察的操作功能。通过选择菜单栏中的【编辑】/【对象显示】命令，或者单击工具栏编辑对象显示按钮，再利用【类选择器】选择需要改变显示方式的对象，将弹出如图 1-24 所示的【编辑对象显示】对话框。

图 1-24　【编辑对象显示】对话框

该对话框中显示当前选择对象的显示参数设置，用户可以在此对话框中编辑所选对象的图层、颜色、线型、宽度、透明度与局部着色等参数，修改后即可按新的参数改变选中对象的显示参数。

1.6.3 对象的变换

产品设计中，常常需要对原有模型对象进行修改才能不断完善设计，用户可以对 UG 对象进行变换操作达到目的。对象的变换是指对独立存在的几何对象（曲线、草图、各种实体与片体等）进行移动、复制、旋转、缩放等操作。

单击【标准】工具栏中的【变换】按钮，在弹出的【类选择器】对话框中选择需要变换的对象，弹出如图 1-25（a）所示的【变换】对话框。如果【标准】工具栏中没有显示【变换】按钮，用户可以在【标准】工具栏的右上角单击小三角符号，在弹出菜单中选择【标准】/【变换】命令，就可以将变换功能显示出来，如图 1-25（b）所示。

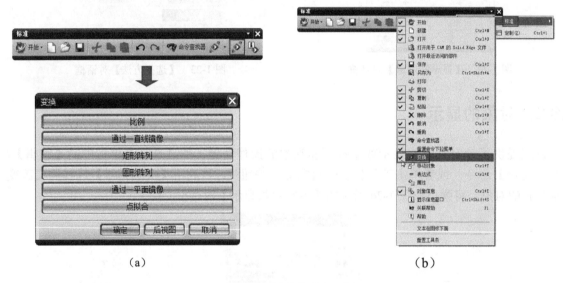

（a）　　　　　　　　　　　　　　　　　　　（b）

图 1-25　【变换】对话框

NX 8 提供了 6 种变换功能，分别介绍如下。

◆ 比例：根据一个比例因子对所选对象进行比例变换。

◆ 通过一直线镜像：将新构造或者已有的一条直线作为镜像线进行镜像操作。

◆ 矩形阵列：对原对象进行矩形阵列操作。

◆ 圆形阵列：对原对象进行圆形阵列操作。

◆ 通过一平面镜像：通过镜像平面进行镜像操作。

◆ 点拟合：将所选对象由一组参考点变换到一组目标点，两组点一一对应，实现对选定对象的比例变换、重定位或修剪。

单击【标准】工具栏中的【移动对象】按钮，弹出如图 1-26 所示的【移动对象】对话框。

图 1-26　【移动对象】对话框

系统提供了各种移动对象的方法，用户可以根据对话框的提示进行操作。

◆　距离：通过指定矢量和距离的方式移动原有对象，如图 1-27 所示。

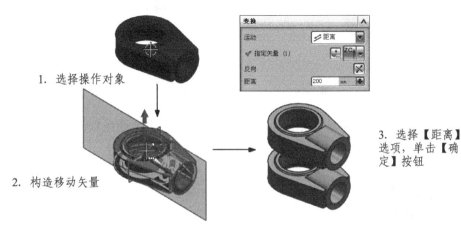

图 1-27　"距离"移动方式

◆　角度：通过指定旋转轴和角度旋转操作对象，如图 1-28 所示。

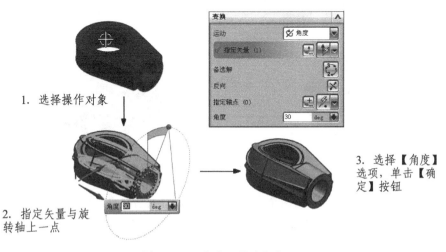

图 1-28　"角度"移动方式

◆ 点之间的距离：通过指定一个原点和矢量，利用变换后的测量点与原点的距离来确定如何移动对象，如图 1-29 所示。

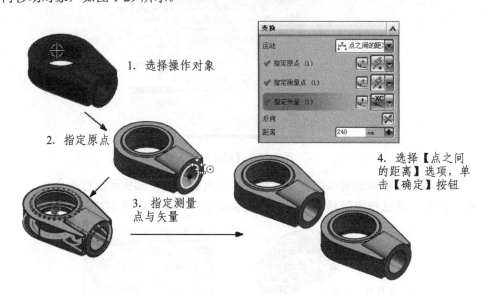

图 1-29 "点之间的距离"移动方式

◆ 径向距离：通过指定一个轴点和矢量，利用变换后的测量点与轴线的距离来确定如何移动对象，如图 1-30 所示。

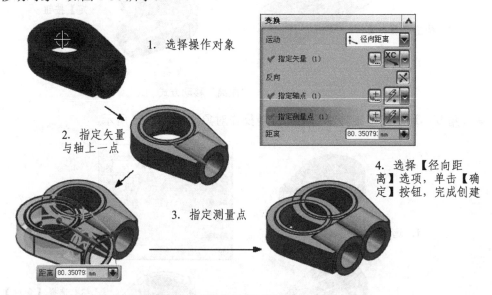

图 1-30 "径向距离"移动方式

◆ 点到点：将对象在指定的两个点之间进行平移，如图 1-31 所示。
◆ 根据三点旋转：利用枢轴点和矢量确定旋转轴线，然后通过指定起点与终点完成对象的旋转，如图 1-32 所示。

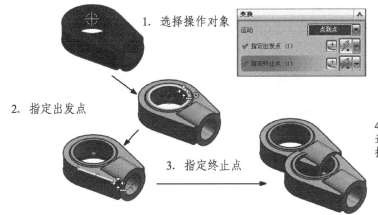

图 1-31 "点到点"移动方式

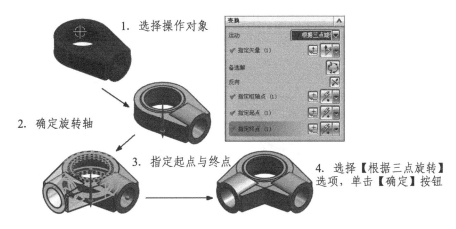

图 1-32 "根据三点旋转"移动方式

◆ 将轴与矢量对齐：通过指定一个轴点和两个矢量，使得操作对象在三者的平面内绕轴点旋转，并且旋转角度为两个矢量的夹角，如图 1-33 所示。

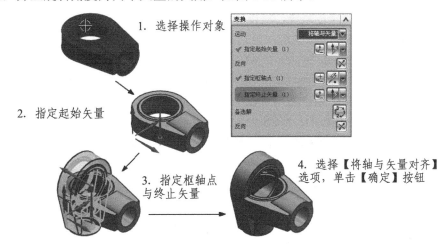

图 1-33 "将轴与矢量对齐"移动方式

视频教学

◆ CSYS 到 CSYS：将操作对象从一个坐标系变换到另一个坐标系，新旧操作对象在两个坐标系下的相对位置不变，如图 1-34 所示。

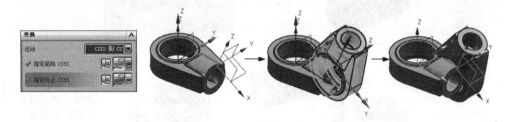

图 1-34　"CSYS 到 CSYS" 移动方式

◆ 动态：通过拖动动态坐标手柄，实现原对象的自由移动。如图 1-35 所示，动态手柄有 7 个控制手柄，其中橙色球状控制手柄可以在屏幕内任意拖动，并带动整个对象的移动；拖动黄色三角控制手柄，操作对象将沿着 3 个工作坐标轴移动；拖动黄色球状控制手柄，操作对象将沿某一坐标轴旋转一定角度。

◆ 增量 XYZ：通过指定某一坐标系下沿任意坐标轴的增量，实现操作对象的平移，如图 1-36 所示。

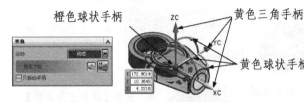

图 1-35　"动态" 移动方式

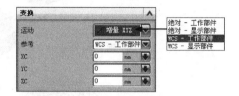

图 1-36　"增量 XYZ" 选项的菜单

1.7　坐标系设置

三维坐标系统是确定三维物体位置的基本依据，也是三维空间操作的基础。UG 系统中的很多操作都要依赖不同的坐标系统，所以应该对坐标系统有一个清晰的认识。

UG 系统中共有 3 种坐标系统，分别为绝对坐标系（Absolute Coordinate System，ACS）、工作坐标系（Work Coordinate System，WCS）和机械坐标系（Machine Coordinate System，MCS）。其中，ACS 为系统默认的坐标系统，原点位置保持不变，伴随着每一次的新建文件产生；WCS 是系统为用户提供的坐标系，用户可以根据需要任意移动其位置，也可以设置自己的 WCS，很多操作都是在 WCS 下进行的；MCS 一般用于模具设计、加工等向导操作中。

系统中可以存在多个坐标系，但是只有一个工作坐标系。

1.7.1　坐标系的构建

可以使用【坐标系构造】工具，根据不同的需要创建坐标系，并在新的坐标系下继续进行几何对象的操作。

选择【视图】/【操作】/【定向】命令，或者选择【格式】/【WCS】/【定向】命令，弹出如图 1-37 所示的 CSYS 对话框。

图 1-37　CSYS 对话框

系统为用户提供了多种构建坐标系的方式,【类型】下拉列表框中的各选项含义如下。

◆ 动态:对于现有的坐标系进行任意的移动和旋转。该类型下的坐标系处于激活状态,具体拖动方式在 1.6 节中已介绍。

◆ 自动判断:根据选择对象系统自动筛选出可能的构造方式,一旦达到某一方式的构造条件,坐标系即被创建。

◆ 原点,X 点,Y 点:在绘图区指定 3 个点来创建坐标系,其中第一、二个点分别为原点和 X 轴上一点,从第二点指向第三点按右手定则确定 Y 轴方向。

◆ X 轴,Y 轴:通过指定坐标系的两个坐标轴来创建坐标系。

◆ X 轴,Y 轴,原点:在绘图区指定 3 个点,其中第一个点在 X 轴上,第一个点指向第二个点的方向为 Y 轴正向,从第二个点到第三个点用右手定则确定原点。"Z 辆,X 轴,原点"和"Z 轴,Y 轴,原点"与该方式相似。

◆ Z 轴,X 点:指定 X 轴正方向和 X 轴上的一点来定义坐标系的位置,其中 Y 轴按右手定则确定。

◆ 对象的 CSYS:在绘图区选取一个对象,将该对象自身的坐标系定义为当前的工作坐标系。

◆ 点,垂直于曲线:利用绘图区选取现有的曲线与一个点,或者重新生成一个点构建坐标,其中曲线的方向为 Z 轴方向,点所在的轴为 X 轴,根据右手定则确定 Z 轴正方向。

◆ 平面和矢量:利用一个平面与通过该平面的矢量构造坐标。

◆ 三平面:指定 3 个平面定义坐标系。第一个平面的法向为 X 轴,第一个与第二个平面的交线方向为 Z 轴,三平面的交点为坐标系原点。

◆ 绝对 CSYS:在(0,0,0)处新建一个坐标系。

◆ 当前视图的 CSYS:利用当前视图方位定义一个坐标系。XOY 平面为当前视图平面,X 轴水平向右,Y 轴竖直向上,Z 轴朝向用户。

◆ 偏置 CSYS:通过输入 X、Y、Z 方向的偏置值构造一个新的坐标系。

1.7.2　坐标系的变换

在构建较为复杂的模型过程中,为了方便模型各部分的创建,经常需要对坐标系进行原点、位置的平移、旋转以及各极轴之间的转换和每一次坐标的显示与保存等操作。选择菜单栏中的【格式】/【WCS】命令，弹出的级联菜单中包括一系列关于坐标系的操作命令，如图 1-38 所示。各命令的含义如下。

◆ 动态：与 1.6 节中的拖动动态坐标手柄方式相同，具有极大的灵活性，可随意改变坐标位置。

◆ 原点：选择该命令将会弹出点构造器，用于指定新的原点，坐标系将平移至新原点处。

◆ 旋转：选择该命令，弹出【旋转 WCS 绕...】对话框，用于设置绕坐标轴旋转方式以及旋转角度，如图 1-39 所示。

图 1-38　WCS 菜单选项　　　　　　图 1-39　【旋转 WCS 绕...】对话框

◆ 定向：定向 WCS 到一个新的坐标系，具体功能在 1.7.1 中已介绍。

◆ WCS 设置为绝对：工作坐标系与绝对坐标系重合。

◆ 更改 XC 方向：在弹出的点构造器中确定一个点，坐标系将沿着 ZC 轴旋转，使得该点在 XOZ 平面内。

◆ 更改 YC 方向：在弹出的点构造器中确定一个点，坐标系将沿着 ZC 轴旋转，使得该点在 YOZ 平面内。

◆ 显示：用于确认 WCS 的显示。

◆ 保存：将现有 WCS 保存为一个坐标系。

1.8　常用工具

在实际操作中常常会用到一些工具，其中【点构造器】工具将在"第 2 讲　基本曲线"中具体介绍，本节将对其他几个常用工具作简要介绍。

1.8.1　【基准轴】工具

在拉伸、回转和定位等操作中常常会使用【基准轴】工具来确定几何对象的生成位置。基准轴分为相对基准轴与固定基准轴两种，其中相对基准轴与模型中的某些几何对象相关联，当关联对象改变时，基准轴也会随之更新，而固定基准轴是通过坐标系产生的，一般不会发生变化。

选择【插入】/【基准/点】/【基准轴】命令，或者单击【特征】工具栏中的【基准轴】按钮↑，弹出如图 1-40 所示的【基准轴】对话框，包含系统提供的如下 8 种构建基准轴的方式。

图 1-40　【基准轴】对话框

- ◆ 交点：根据用户选取的相交对象，在相交位置创建基准轴。
- ◆ 曲线/面轴：沿线性曲线、线性边、圆柱、圆锥、圆环面的轴线创建基准轴。
- ◆ 曲线上矢量：根据用户指定的曲线上的某个点，创建一个过该点并沿曲线切向的基准轴。
- ◆ XC、YC、ZC 轴：以 3 个坐标轴作为基准轴。
- ◆ 点和方向：根据用户设定的点与直线生成基准轴，该基准轴可以与直线垂直或者平行。
- ◆ 两点：通过指定的两点创建基准轴。

1.8.2　【基准平面】工具

【基准平面】工具在草图以及其他建模方式中广泛应用，主要用于在空间内的非平面处创建所需的对象基准面。基准平面分为相对基准平面与固定基准平面两种，其中相对基准平面是参数化的平面，随着关联对象或者参数的改变可以变更，而固定基准平面是与坐标系关联的非参数化平面。

选择【插入】/【基准/点】/【基准平面】命令，或者单击【特征】工具栏中的【基准平面】按钮□，弹出如图 1-41 所示的【基准平面】对话框，包含系统提供的如下 14 种构建基准面的方式。

图 1-41　【基准平面】对话框

- ◆ 成一角度：用于创建一个与选取平面成指定角度的平面。
- ◆ 按某一距离：用于根据用户设置的距离值，创建一个与指定平面平行且相距一定距离的基准面。
- ◆ 二等分：用于在两个平行平面之间的中间位置创建一个与它们平行的平面。
- ◆ 曲线和点：用于根据用户选取的点和曲线或边来创建平面。
- ◆ 两直线：用于根据用户选取的两条边、直线或轴线来创建平面。
- ◆ 相切：用于根据用户选取的一个面以及另一个几何对象，创建与该面相切的平面。
- ◆ 通过对象：用于根据用户选取的对象来快速创建平面。
- ◆ 系数：根据平面方程 $Ax+By+Cz=D$ 的系数来创建平面。
- ◆ 点和方向：通过点与一个矢量来构造平面。
- ◆ 在曲线上：通过用户选择的曲线和指定曲线上的点来创建过该点与曲线相切或垂直的基准平面。

◆ YC-ZC、XC-ZC、XC-YC 平面：将生成坐标系平面上的基准平面。
◆ 视图平面：朝向用户的视图平面生成一个基准平面。

1.8.3 类选择器

选择对象是 UG 最常用的操作，合理地利用类选择器，可以减少许多不必要的操作。准确无误地选择对象，无论在任何模块中都是十分必要的。

选择【信息】/【对象】命令，弹出【类选择】对话框，如图 1-42（a）所示。

（a）   （b）

图 1-42 【类选择】对话框

各种选择方法如下。

◆ 选择对象：该选项可以选择图中的任意对象，随后单击【确定】按钮即可完成选择。
◆ 全选：选择所有符合过滤条件的对象，若不指定过滤器，则系统将选择所有显示的对象。
◆ 反向选择：用于选取在绘图区中没有被选中的且符合过滤器条件的对象。
◆ 根据名称选择：根据文本框中输入的名称对预选对象进行选择。
◆ 选择链：用于选择首尾相连的多个对象。首先选中链中的第一个对象，然后单击最后一个对象，系统便自动选中链中的所有对象。
◆ 【向上一级】按钮：用于选择向上一级的对象，当选择了某组的若干对象后，单击该按钮，系统将会选择组内的所有对象。

在该对话框中，用户可以在【过滤器】栏中进行多种方式的限制，如图 1-42（b）所示，然后通过合适的方法选择对象，所选对象在绘图区以高亮形式显示。当设置了过滤器后，只有符合设置的对象才会被选中，从而方便用户操作。下面详细介绍其中的选项。

◆ 【类型过滤器】按钮：单击该按钮，弹出如图 1-43 所示的对话框，在该对话框中可以根据对象类型进行选择的设置。当选择"曲线"、"面"、"尺寸"、"符号"等对象类型时，单击【细节过滤】按钮，可以进一步设置对象。
◆ 【图层过滤器】按钮：单击该按钮，弹出【根据图层选择】对话框，在【范围或类别】文本框中输入范围或者种类名称，选取所有属于该范围的图层。【类别】列表框用于显示现有模型中所有可选图层的种类名称，可以直接从中选取。当单击【信息】按钮时，在打开的【信息】窗口中显示了该层中的有关信息，如图 1-44 所示。

选择某些对象时，单击
【细节过滤】按钮，将
会对该对象进行下一步
的限制设置

图 1-43 【根据类型选择】和【尺寸过滤器】对话框

图 1-44 【根据图层选择】对话框和【信息】窗口

◆ 颜色过滤器：用于通过指定颜色来选择对象，如图 1-45（a）所示。

◆ 【属性过滤器】按钮：可以根据对象的属性，如线型、线宽以及其他自定义属性进行
选择，如图 1-45（b）所示。

◆ 【重置过滤器】按钮：恢复成默认的过滤方式。

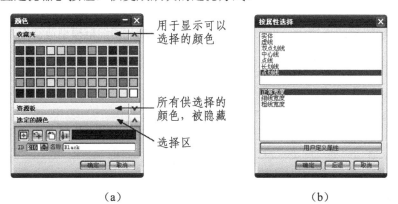

用于显示可以
选择的颜色

所有供选择的
颜色，被隐藏

选择区

（a）　　　　　　　　　　　　（b）

图 1-45 【颜色】面板与【按属性选择】对话框

第 2 讲 基 本 曲 线

曲线是 UG 环境中的基础几何元素，是构建实体以及复杂曲面的基础。本讲将以典型实例引出常用曲线的创建步骤及命令，接着重点介绍各种曲线的创建方法，并结合具体曲线模型实例进一步说明这些常用命令的使用方法和技巧，最后用两个实例来巩固所学知识。

 本讲内容

- 实例·模仿——车架
- 点与点集
- 直线
- 圆弧与圆
- 修饰曲线
- 多边形

- 二次曲线
- 样条曲线
- 螺旋线
- 实例·操作——滑脚母
- 实例·练习——阀体截面

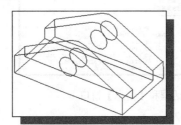
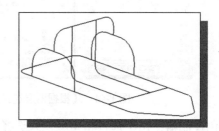

2.1 实例·模仿——车架

车架的线框模型如图 2-1 所示。车架一般都是焊接而成的，而线框模型通常作为其骨架。

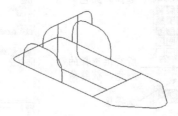

图 2-1 车架模型

【思路分析】

该模型可以先创建底面上的曲线，在此基础上不断创建、完善其余部分。在创建曲线时以方便定位的曲线作为先创建的对象，其主要创建流程如图 2-2 所示。

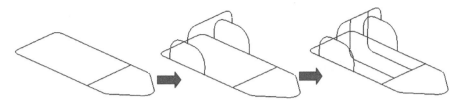

图 2-2　创建车架模型的流程

【光盘文件】

结果文件——参见附带光盘中的"END\Ch2\2-1.prt"文件。

动画演示——参见附带光盘中的"AVI\Ch2\2-1.avi"文件。

【操作步骤】

（1）单击【新建】按钮 ，或者选择菜单栏中的【文件】/【新建】命令，弹出如图 2-3 所示的对话框。

单击【新建】按钮，将弹出【新建】对话框，创建文件 2-1.prt 及存放路径"D:\modl\"，单击【确定】按钮进入建模环境

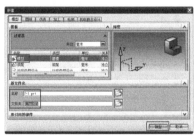

图 2-3　新建文件

（2）选择【插入】/【曲线】/【直线】命令，弹出【直线】对话框，如图 2-4 所示。在【起点】栏中单击【点构造器】图标，并在坐标文本框中输入直线的起点坐标（-200，100，0），再单击【确定】按钮。

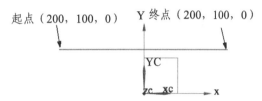

图 2-4　【直线】对话框

（3）同样在【终点】栏中利用点构造器生成直线的终点坐标（200，100，0），单击【直线】对话框中的【应用】按钮，生成第一条直线，如图 2-5 所示。

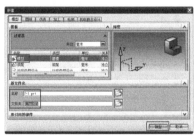

图 2-5　生成第一条直线

（4）再次利用确定起点、终点坐标的方式创建第二和第三条直线，起点、终点坐标分别为（-200，-100，0）、（200，-100，0）和（300，18，0）、（300，-18，0），如图 2-6 所示。

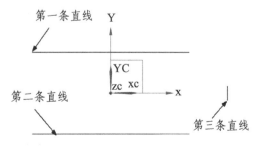

图 2-6　利用给定坐标创建多条直线

（5）利用【直线】对话框中起点与终点【自动判断】选项自动确定直线的端点，单击已建 3 条直线的端点，再次生成 3 条直

线，将已有直线连接成环状，如图 2-7 所示。

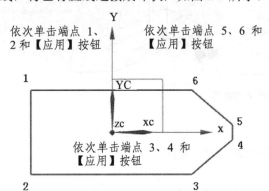

依次单击端点 1、2 和【应用】按钮

依次单击端点 5、6 和【应用】按钮

依次单击端点 3、4 和【应用】按钮

图 2-7　利用确定端点方式创建直线

（6）选择【插入】/【曲线】/【基本曲线】命令，单击【圆角】按钮，在弹出的【圆角】对话框中利用默认选择的"简单圆角"方式创建直线的圆角，输入圆角半径 20，然后在多边形的 6 个内角附近单击，创建圆角，如图 2-8 所示。

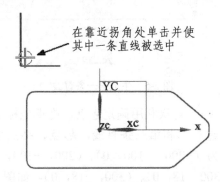

在靠近拐角处单击并使其中一条直线被选中

图 2-8　简单倒圆角

（7）选择【插入】/【基准/点】/【点】命令，在弹出的【点构造器】对话框中生成坐标为（120，100，0）的一个点，打开工具栏中的【直线与圆弧】工具条，单击【点-垂直】建立直线按钮，单击新建点与第二条直线，创建与其垂直的直线，如图 2-9 所示。

（8）打开【直线】对话框，确定起点坐标（-150，-100，0），在【终点选项】下拉列表框中选择 ZC 选项，拖动手柄以改变长度，当长度文本框在 30 附近时，手动输入 30，按 Enter 键确认，单击【应用】按钮，用

同样方法创建另外 3 条起点分别在坐标为（0，-100，0）、（150，-100，0）和（0，100，0）、沿 ZC 方向、长度为 30mm 的直线，如图 2-10 所示。

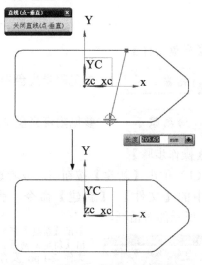

图 2-9　利用点-垂直方式创建直线

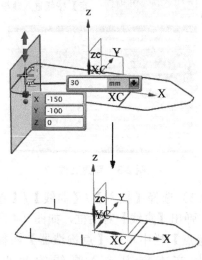

图 2-10　创建平行于坐标轴的直线

（9）选择【插入】/【曲线】/【圆弧/圆】命令，在弹出的【圆弧构建】对话框的【类型】下拉列表框中选择默认的"三点画圆弧"选项，【起点】选项利用点构造器确定坐标为（-100，-100，80）的点，终点选择在步骤（8）中构造的第一条直线的端点，半径输入 50，单击【应用】按钮创建

出一段圆弧。利用同样的方法创建如图 2-11 所示的另外 3 段圆弧，其另一个端点分别为（－50，－100，80）、（－150，100，80）和（－50，100，80）。注意利用【限制】选项的【补弧】功能。

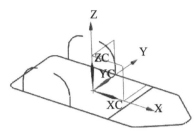

图 2-11　创建圆弧

（10）单击【直线与圆弧】工具条中的【点-点】创建直线的 ⁄ 按钮连接每两个圆弧之间的端点，如图 2-12 所示。

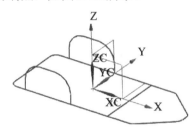

图 2-12　用直线连接圆弧端点

（11）重复步骤（8）～（10），创建如图 2-13（a）所示的高亮曲线，其具体参数如图 2-13（b）所示。

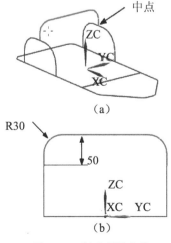

（a）

R30

50

ZC

XC　YC

（b）

图 2-13　创建顶端曲线

（12）选择【插入】/【基准/点】/【点】命令，利用坐标创建（－75，40，130）和（120，40，0）两个点。过这两点分别作平行于 ZC 与 XC 轴的两条直线并使直线相交，如图 2-14 所示。

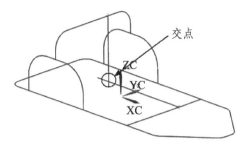

交点

图 2-14　创建相交直线

（13）选择【插入】/【曲线】/【基本曲线】命令，单击【圆角】按钮，在弹出的【曲线倒圆】对话框中选择曲线圆角方法，在【半径】文本框输入 20，并取消选中【修剪选项】下的复选框。分别单击步骤（12）中构建的两条直线，然后在其交点内角处单击，创建圆角，如图 2-15 所示。

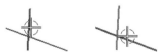

1. 单击第一条直线　2. 单击第二条直线

3. 在交点附近单击　4. 完成构建

图 2-15　曲线圆角方式

（14）单击【后退】按钮回到【基本曲线】对话框，单击【修剪】按钮，在弹出的【修剪曲线】对话框中单击第一条直线的下端，选择该直线作为修剪曲线，单击生成的圆角曲线作为修剪对象 1，并使得【设置】中【输入曲线】选项为"隐藏"，单击【应用】按钮完成一次修剪，用同样的方法修剪水平直线的多余端，修剪效果如图 2-16 所示。

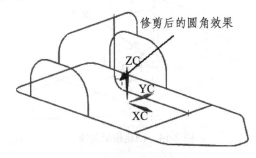

图 2-16　修剪曲线

（15）单击【镜像曲线】按钮，选择刚生成的两条直线与圆角，在【镜像平面】选项中默认选择【新平面】选项，选择【指定平面】选项中的下拉菜单中的【XC-ZC 平面】选项，单击【确定】按钮，创建镜面曲线，最终效果如图 2-17 所示。

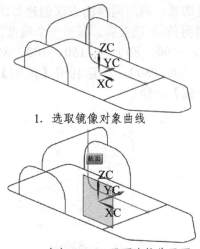

1. 选取镜像对象曲线

2. 确定 XC-ZC 平面为镜像平面

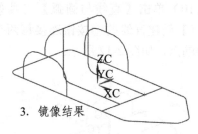

3. 镜像结果

图 2-17　创建镜像曲线

曲线绘制是非参数化建模的常用命令之一，本节主要介绍各种曲线的创建方法，包括点和点集、基本曲线（直线、圆弧等）、多边形曲线、各种二次曲线、样条曲线等，熟练掌握本节内容是构造复杂实体以及曲面的前提。

2.2　点　与　点　集

点是三维造型软件中最基本的几何元素，不仅可以用来构造各种直线、圆弧以及复杂曲线，还可以利用点集来构造曲面等特征，因此十分重要。

2.2.1　点

在 UG 中，点的定义方式非常自由，可以通过三维坐标定义，也可以通过各种已存在的几何实体来定义。点可以用来构造直线，或者作为极点来创建曲线或曲面。

选择菜单栏中的【插入】/【基准/点】/【点】命令，弹出如图 2-18 所示的【点】对话框，其中共有 3 种构造点的方法，即通过选择点类型构造点、通过直接输入坐标的构造点和利用偏置方式构造相对于参考点的偏置点。直接输入坐标的构造点分为工作坐标与绝对坐标两种状态环境，在此不作介绍。

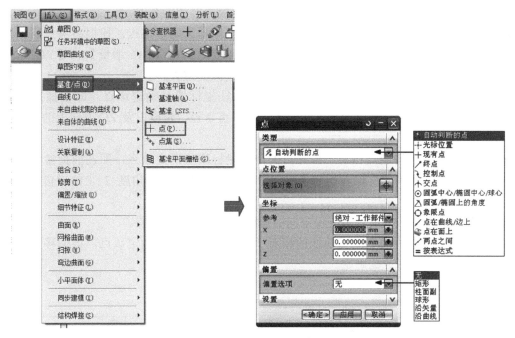

图 2-18　【点】对话框

1．点类型构造点

在【类型】下拉列表框中提供了 13 种捕捉点的方法，在 UG 界面的选择条中包含了最常用的几种捕捉点的方法，当指定某种捕捉方法时，其选择条中的图标相应变暗。下面对这些选择方式作简要概述，其效果如图 2-19 所示。

◆ 自动判断的点：利用鼠标在绘图区任意位置点选，系统自动推断出此特征点的位置，涵盖了以下各种点构造方式。

◆ 光标位置：将在工作坐标 XY 平面内的光标所在处创建一个点。

◆ 现有点：利用鼠标捕捉或选定已存在的点，从而再创建一个新的点。通常用来将某一图层的点复制到另一个图层上。

◆ 终点：在直线、曲线等的端点处创建一个依赖于该几何对象的点。

◆ 控制点：在几何对象的控制点或特征点上再创建一个点，与该几何对象的类型有关。该创建方法包括已存在的点、直线或非封闭圆弧的端点与中点、曲线的端点等特征点。

◆ 象限点：在绝对坐标系下的圆弧或者椭圆弧四分点处创建点。象限点不随工作坐标的变化而改变。

◆ 两点之间：首先通过选择工具栏内的方式选择两个点，然后在两点构成的线段之间通过一个确定的比例系数构造出所要确定的点。

2．偏置

该模块通过指定偏置参数的方式来确定点的位置，默认情况下，【偏置选项】为"无"。在操作过程中，需要先利用点的捕捉或者坐标输入的方式确定参考点，再根据偏置类型输入偏置参数。模块中包括下列 5 种偏置方式，该各选项的面板内容如图 2-20 所示。

◆ 矩形：利用所构造点相对于参考点的直角坐标增量确定该点。捕捉参考点后，依次输入在直角坐标系中相对于该参考点的坐标偏移，即在【XC 增量】、【YC 增量】、【ZC 增量】后的文本框中输入偏移量来确定点的位置。

◆ 柱面副：利用所构造点相对于参考点的圆柱坐标增量确定该点。即在捕捉参考点之后，在柱面坐标系中依次输入相对于该参考点半径、角度以及 ZC 方向上的偏移量来确定点的位置。

◆ 球形：利用所构造点相对于参考点的球面坐标增量确定该点。即在捕捉参考点之后，在球面坐标系中依次输入相对于该参考点半径、角度 1、角度 2 上的增量来确定点的位置。

◆ 沿矢量：利用所构造点沿矢量方向的偏移距离确定该点位置。

◆ 沿曲线：利用所构造点沿曲线的相对于参考点的偏移量确定该点，该偏移量由弧长或曲线的总长的百分比确定。

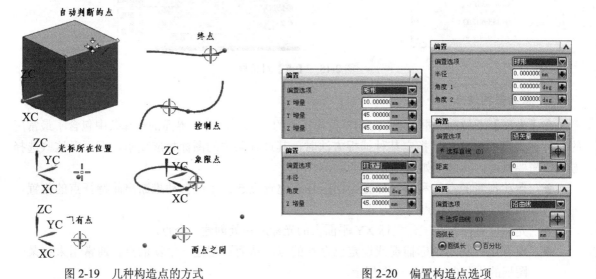

图 2-19　几种构造点的方式　　　　　图 2-20　偏置构造点选项

2.2.2　点集

点集一般通过现有曲线或曲面来生成一组点。既可以是已有点的复制，也可以根据现有对象的属性来构造新的点，其调用方法与点相同。

如图 2-21 所示，【点集】对话框共提供 3 种创建点集的方法，分别为曲线点、样条点以及面的点。

1. 曲线点

曲线点用于在曲线上创建点集，【子类型】栏中的【曲线点产生方法】下拉列表框提供了 7 种根据曲线创建点集的方法，其效果如图 2-22 所示，下面依次介绍。

◆ 等圆弧长：在点集的起始点与终止点之间按照点之间等圆弧长度构造指定数目的点

集。首先选择一条参考曲线，然后输入构造点的数目，最后输入起始点与终止点的位置（以占曲线总长度的百分比确认）来构造点集。

图 2-21 【点集】构造对话框

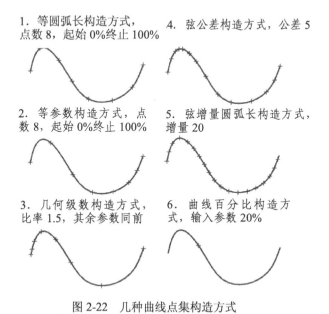

1. 等圆弧长构造方式，点数 8，起始 0%终止 100%

2. 等参数构造方式，点数 8，起始 0%终止 100%

3. 几何级数构造方式，比率 1.5，其余参数同前

4. 弦公差构造方式，公差 5

5. 弦增量圆弧长构造方式，增量 20

6. 曲线百分比构造方式，输入参数 20%

图 2-22 几种曲线点集构造方式

◆ 等参数：构造方法与等圆弧长构造方法基本相同，不同之处在于 UG 会以曲线的曲率大小来分配曲线上点集的密度，曲率越大，产生的点之间的距离也就越大。

- ◆ 几何级数：在该子类型下创建点集，会弹出【比率】下拉列表框。输入值用来确定后两个点与前两个点之间的距离之比。
- ◆ 弦公差：根据输入的弧弦误差的值来确定曲线上的点，当弦公差较小时，曲线上的点比较密集。
- ◆ 增量圆弧长：根据输入的弧长值来确定曲线上的点，根据弧长大小来分布点集的位置，而点的数量则取决于曲线总长度以及输入的弧长值。
- ◆ 投影点：首先利用点构造器放置一个或多个参考点，再利用参考点对曲线的投影点构造点集。
- ◆ 曲线百分比：通过曲线上的百分比位置来确定点集。

2. 样条点

样条点通过一条已知样条曲线的定义点、结点以及极点来构造点集。其中，定义点指绘制样条曲线时需要定义的点；结点指样条曲线的端点；极点是用来确定样条曲线形状的点。

- ◆ 定义点：在绘制样条曲线时，需要输入一些点来完成曲线的绘制。在创建点集的过程中重新调出使用过的点。
- ◆ 结点：操作方法与定义点相同，但参考的对象是样条曲线的端点。
- ◆ 极点：操作方法与定义点相同，根据样条曲线的极点来构造点集。

3. 面的点

面的点主要通过已有曲面上的点或者控制点来构造点集。其 3 种子类型分别是图样、面百分比以及 B 曲面极点。曲面的范围包括平面、一般曲面、B 曲面以及其他自由曲面。

- ◆ 图样：利用曲面上 U、V 方向的点数以及起始终止值确定点集。
- ◆ 面百分比：根据输入的曲面上参数百分比确定点的分布。
- ◆ B 曲面极点：根据 B 曲面的控制点建立点集。

2.3 直　　线

使用【直线】命令，可以任意创建空间中两点之间的线段。直线在空间中由一个点和一个向量确定。【直线】命令的启动方法为在菜单栏中选择【插入】/【曲线】/【直线】命令，或者单击【曲线】工具栏中的【直线】按钮，弹出如图 2-23 所示的【直线】对话框。

【直线】对话框主要用来设置直线的起点、终点以及支持平面。其中，起点与终点的构造方式有如下 3 种。

- ◆ 自动判断：选择该选项，UG 将使用默认最佳约束类型。
- ◆ 点：使用捕捉点选项选择点，点约束为带有"点 1"标签的立方体形状手柄，也可以脱掉手柄。
- ◆ 相切：使用相切约束，首先选择相切对象，相切约束为带有"相切 1"标签的球形手柄。

当其中一个点确定之后，系统还会在另一个点的构造方式中添加成一角度、平行于坐标轴以及垂直于平面等几个选项。当选择了【点】选项后，弹出【点参考】下拉列表框，其中的选项有如下 3 种。

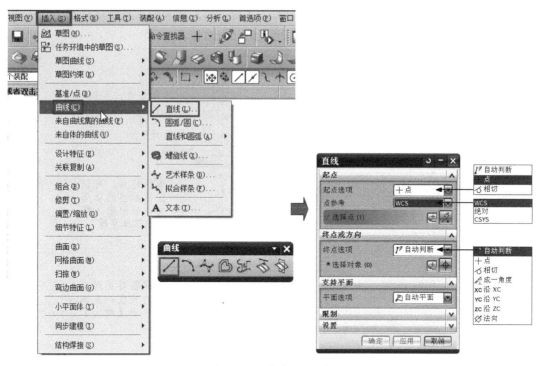

图 2-23 【直线】对话框

◆ WCS：用于定义相对于工作坐标系的点，弹出的动态文本框中有 XC、YC、ZC 字段。

◆ 绝对：用于定义绝对坐标系的点，弹出的动态文本框中有 X、Y、Z 字段。

◆ CSYS：用于定义相对参考坐标系的点。选择一个相对参考坐标系，弹出的动态文本框中包含 D-X、D-Y、D-Z 字段。拖动鼠标光标，字段会根据所选坐标系进行更新。

在【直线】对话框中，还可以对直线操作的各种选项进行设置，如图 2-24 所示，最主要的两项为【支持平面】与【限制】选项。【平面选项】下拉列表框中包含以下几个选项。

图 2-24 直线构造限制与平面选项

◆ 自动平面：允许 UG 基于直线的起点与终点判断临时平面。

◆ 锁定平面：使得自动平面不可移动，这样更改起点或者终点时自动平面不会移动。

◆ 选择平面：选择一个已有平面或者动态创建一个平面。

【限制】选项提供直线起点与终点的控制方式。【起始限制】下拉列表框中包含以下几个选项。

◆ 值：为直线的起始位置设置一个指定值。

◆ 在点上：设置起点或者终点的直线限制，【捕捉点】选项处于被激活状态。

◆ 直至选定对象：将直线的端点限制在选定的几何对象上。

在两点间创建一般直线的流程如图 2-25 所示。

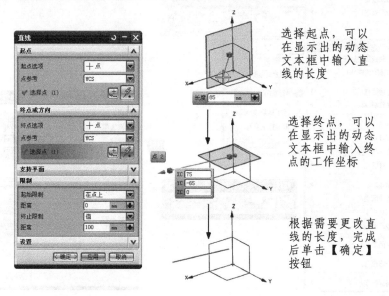

图 2-25 两点间创建直线的流程

此外，选择菜单栏中的【插入】/【曲线】/【直线和圆弧】命令，也可打开一系列构造直线的方法，并且在【直线和圆弧】工具条中有相应的构造直线的按钮，如图 2-26 所示。

图 2-26 【直线和圆弧】工具条

◆ 无界直线：选择该选项时，所有方法构造出的直线均向两端无限延伸，无需确定直线的边界点。

◆ 点-点：通过两点来确定直线。

◆ 点-XYZ：利用确定的一点来构造平行于工作坐标轴（XC、YC、ZC）方向的直线，如图 2-27（a）所示。

◆ 点-平行：利用确定的一点与直线来构造通过该点与所选直线平行的直线，如图 2-27（b）所示。

◆ 点-垂直：利用确定的一点与直线来构造通过该点与所选直线垂直的直线，如图 2-28（a）所示。

◆ 点-相切：利用确定的一点与曲线来构造通过该点与所选曲线相切的直线，若有多个切点，则根据鼠标点选的位置确定切线，默认直线终点在切点，如图 2-28（b）所示。

◆ 相切-相切：通过确定的两条曲线来构造直线，直线分别与两条曲线相切并且终点在点上，如图 2-29 所示。

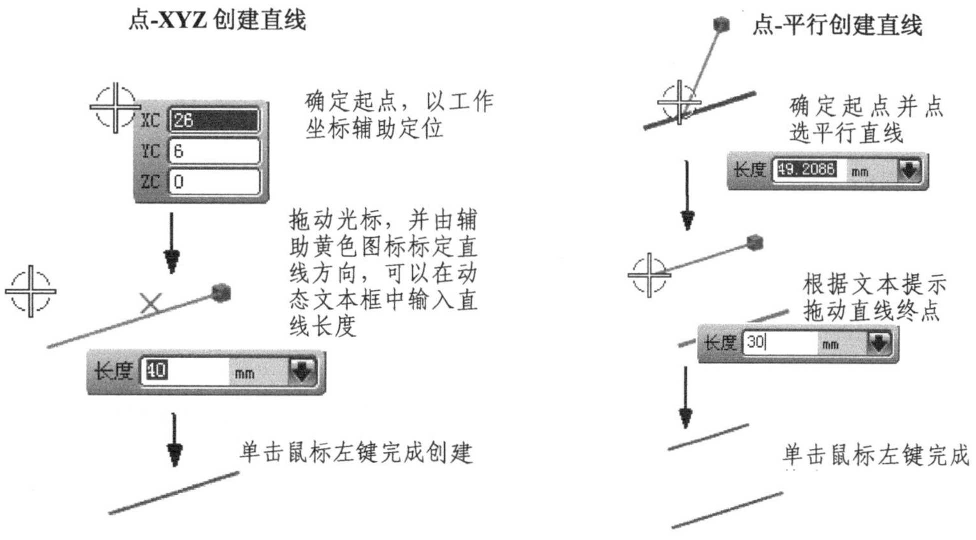

点-XYZ 创建直线

确定起点，以工作坐标辅助定位

拖动光标，并由辅助黄色图标标定直线方向，可以在动态文本框中输入直线长度

单击鼠标左键完成创建

（a）

点-平行创建直线

确定起点并点选平行直线

根据文本提示拖动直线终点

单击鼠标左键完成

（b）

图 2-27　点-XYZ 与点-平行创建直线工具

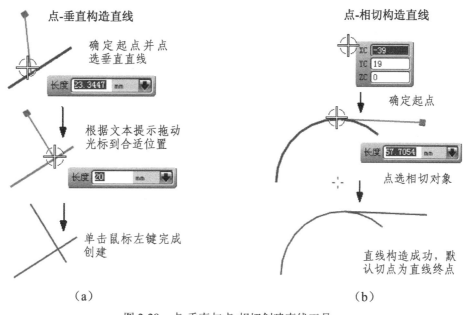

点-垂直构造直线

确定起点并点选垂直直线

根据文本提示拖动光标到合适位置

单击鼠标左键完成创建

（a）

点-相切构造直线

确定起点

点选相切对象

直线构造成功，默认切点为直线终点

（b）

图 2-28　点-垂直与点-相切创建直线工具

相切-相切创建直线

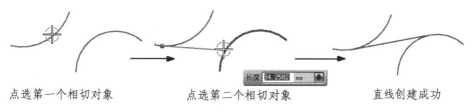

点选第一个相切对象　　　　点选第二个相切对象　　　　直线创建成功

图 2-29　相切-相切创建直线工具

视频教学

2.4 圆 弧 与 圆

圆弧属于圆的一部分，因此同时具备圆的一些属性，包括半径、圆心等。启动【圆弧】的方法为选择【插入】/【曲线】/【圆弧/圆】命令，弹出如图 2-30 所示的【圆弧/圆】对话框。

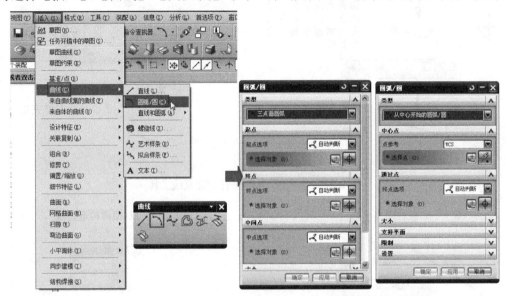

图 2-30 【圆弧/圆】对话框

在【圆弧/圆】对话框中，可以指定如下两种方式绘制曲线对象。

◆ ■三点画圆弧：通过指定 3 个点或者指定两个点与半径来创建圆弧。要求用户确定圆弧的起点、终点与中间点。如果在【中间点】选项中选择了【↗半径】或者【직直径】选项，则可以在【半径】或者【直径】文本框中输入圆弧或圆的对应值来指定相关约束。

◆ ↷从中心开始的圆弧/圆：通过指定圆弧中心和第二个点或者半径来创建圆弧。需要确定中心点以及通过点。同样，当【通过点】选项中选择了【↗半径】或者【직直径】选项，则可以在【半径】或者【直径】文本框中输入圆弧或圆的对应值来指定相关约束。

其余确定点的方式与构造直线基本相同，这里不再详细介绍。在该对话框中，还可以对圆弧操作的选项进行详细设置，其主要选项如图 2-31 所示。

图 2-31 【限制】选项

与构建直线不同，此处用于限制圆弧起始或者终止的值是角度而不是长度。此外，【限制】栏中还有【整圆】与【补弧】选项，用于确定是否构建一个完整的圆或者一段圆弧的补弧，当选中【整圆】复选框时，【起始限制】和【终止限制】下拉列表框均不可选。

几种创建圆弧的方式如图 2-32、图 2-33 和图 2-34 所示。

通过 3 个相切点创建圆弧　　　　　　**通过输入半径值创建圆弧**

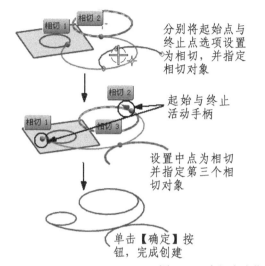 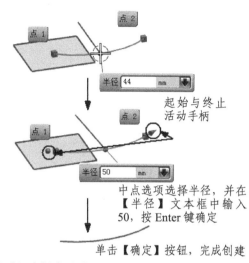

图 2-32　中间点为指定点或切点创建圆弧

在确定圆弧的位置后，均可以通过拖动黄色三角形手柄来确定圆弧的角度。

通过 3 个相切点创建圆弧　　　　　　**通过输入半径值创建圆弧**

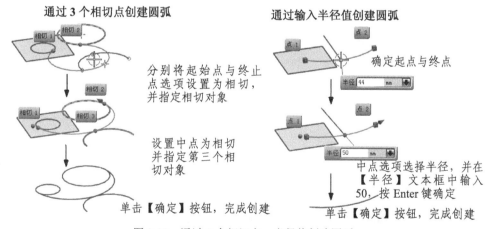

图 2-33　通过 3 个相切点、半径值创建圆弧

在构建圆弧的过程中，同样可以在动态半径文本框中输入半径的值来指定圆弧形状。

同直线的创建一样，选择菜单栏中的【插入】/【曲线】/【直线和圆弧】命令，也可以打开一系列构造圆弧与圆的方法，并且在【直线和圆弧】工具条中有相同功能的按钮，如图 2-35 所示。

◆　点-点-点：通过 3 点创建圆弧或圆。

◆　点-点-相切：通过两点与一条目标相切曲线创建圆弧或圆。

◆　相切-相切-相切：通过起始相切对象、末尾相切对象以及中间相切对象创建圆弧或圆。

◆　相切-相切-半径：通过起始与末尾相切对象，并输入半径值完成创建圆弧或圆。

从中心开始创建圆弧

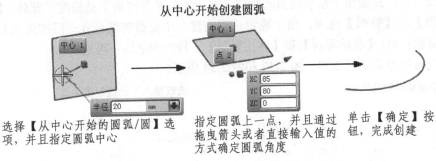

选择【从中心开始的圆弧/圆】选
项，并且指定圆弧中心

指定圆弧上一点，并且通过
拖曳箭头或者直接输入值的
方式确定圆弧角度

单击【确定】按
钮，完成创建

图 2-34　中心创建圆弧

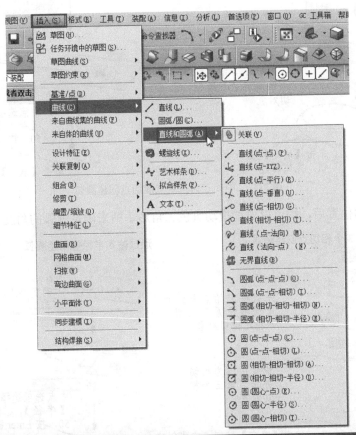

图 2-35　【直线和圆弧】菜单和工具条

- ◆ 圆心-点：通过指定圆心与圆上一点来创建整圆。
- ◆ 圆心-半径：通过指定圆心与输入的半径值创建整圆。
- ◆ 圆心-相切：通过指定圆心与一条相切对象创建整圆。

可见这种创建圆弧与圆的方式更加方便，省略了许多选择的过程，建议熟练的用户使用该
方法。

视频教学

2.5 修饰曲线

完成基本曲线等制作后，通常需要对基础曲线进行修剪、倒角、倒圆角等修饰操作。本节介绍修饰曲线常用的倒圆角、倒角、裁剪等功能。

2.5.1 创建倒圆角

倒圆角功能是继承在基本曲线功能中，而在默认的状况下，该功能并没有出现在【曲线】工具栏中，用户需要额外调用出来。用户在任意的工具栏上单击鼠标右键，在弹出的快捷菜单中选择【定制...】选项，弹出【定制】对话框，选择【命令】选项卡，如图 2-36 所示。在【类别】栏中选择【曲线】选项，在右侧的【命令】栏中选择【基本曲线】命令，按住鼠标左键不放，将其拖动到【曲线】工具栏中，这样基本曲线功能就出现在【曲线】工具栏中。

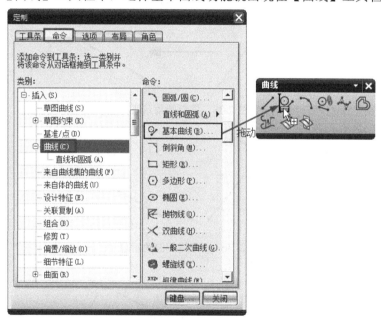

图 2-36　调出【基本曲线】命令

在【曲线】工具栏中单击【基本曲线】按钮，弹出【基本曲线】对话框，在其中单击【圆角】按钮，弹出【曲线倒圆】对话框，如图 2-37 所示，其中共有如下 3 种创建圆角的方式。

◆ 简单圆角：在【半径】文本框中输入半径值，移动光标至两条直线交点处并确保光标在圆角范围内，单击鼠标左键，创建圆角，如图 2-38 所示。

◆ 两曲线圆角：选中【修剪选项】栏中相应的复选框确定需要修剪的曲线，依次选择要修剪的曲线，并在交点附近单击，圆角曲线将以逆时针方向创建，如图 2-39 所示。

◆ 三曲线圆角：当选择的曲线为圆或圆弧时，弹出如图 2-40 所示对话框，用以确定圆角与圆弧的相切方式。

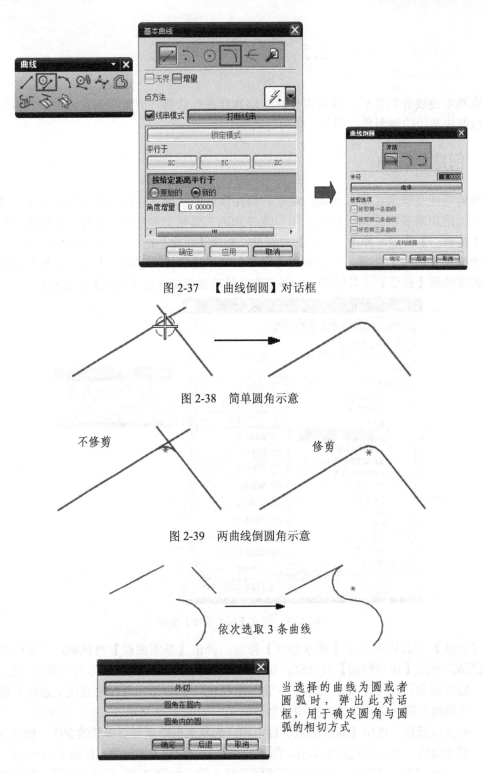

图 2-37 【曲线倒圆】对话框

图 2-38 简单圆角示意

不修剪

修剪

图 2-39 两曲线倒圆角示意

依次选取 3 条曲线

当选择的曲线为圆或者圆弧时，弹出此对话框，用于确定圆角与圆弧的相切方式

图 2-40 三曲线倒圆角示意

单击【继承】按钮，可继承已有的圆角半径值。【修剪选项】表示创建圆角时修剪的对应的

曲线，当使用"两曲线倒圆"方式时，第一、二项可选；当使用"三曲线倒圆"方式时，3 项都可选，并且第二项变为【删除第二条曲线】。

2.5.2　倒斜角

与倒圆角功能一样，倒斜角功能也需要按照如图 2-36 所示的方法调出放置到【曲线】工具栏中。单击【倒斜角】按钮，弹出【倒斜角】对话框，如图 2-41 所法。

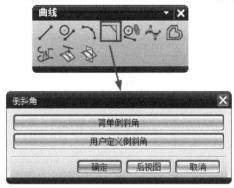

图 2-41　调出【倒斜角】对话框

该对话框中提供了两种倒斜角的方式，【简单倒斜角】是默认生成 45°的倒角，用户设置倒角的长度即可；而【用户定义倒斜角】则允许用户自己设定生成倒角的角度及长度。这里以【简单倒斜角】为例，如图 2-42 所示是生成简单倒斜角的方法，用户需要设置倒角的长度，然后在需要倒角的位置单击鼠标左键，即可生成倒斜角。

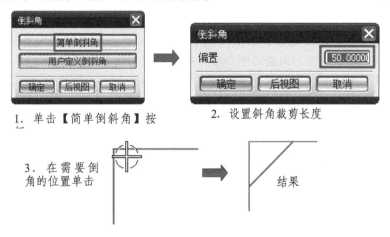

1．单击【简单倒斜角】按

2．设置斜角裁剪长度

3．在需要倒角的位置单击

结果

图 2-42　简单倒斜角示例

2.5.3　修剪曲线

在【编辑曲线】工具栏中单击【修剪】按钮，弹出【修剪曲线】对话框，如图 2-43 所示。选择修剪对象曲线后，边界对象可以是点、曲线或者指定平面。修剪方式有用单个边界对象修剪单个曲线、用两个边界对象修建曲线、用单个边界对象修剪多个曲线、用单个边界对象修建单个曲线、修剪完成边界对象同时被修剪、用单个边界对象延长单个曲线等。

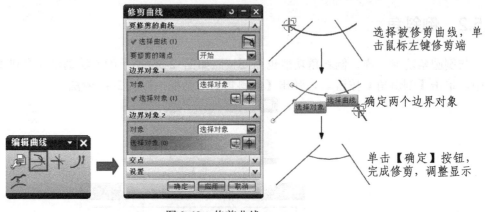

图 2-43　修剪曲线

2.6　多　边　形

多边形是工程设计中常用的曲线。例如，六角螺母的外形轮廓以及一些特殊的法兰盘等。多边形功能在初始化的界面中并没有提供，而需要用户采用如图 2-36 所示的方法，从【定制】对话框中将【多边形】命令拖动到【曲线】工具栏中。单击【多边形】命令⊙，弹出多边形侧面数设置对话框，设置完后，弹出多边形半径定义方式对话框，如图 2-44 所示，其中提供了如下 3 种定义半径的方式。

◆　内接圆半径：通过定义多边形内接半径（原点到多边形边的中点的距离）以及方位角（沿 XC 轴逆时针方向旋转的角度）的方式来构建多边形。

◆　多边形边数：通过输入多边形的边长以及方位角的方式构建多边形。

◆　外接圆半径：通过定义多边形外接圆半径（原点到多边形顶点）以及方位角的方式构建多边形。

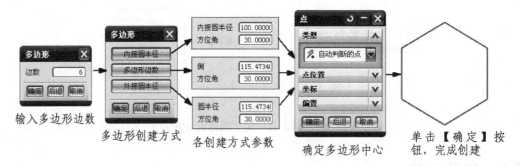

输入多边形边数　　　多边形创建方式　　　各创建方式参数　　　确定多边形中心　　　单击【确定】按钮，完成创建

图 2-44　多边形创建流程

2.7 二 次 曲 线

二次曲线是工程设计中常遇到的一种曲线，如圆、椭圆、双曲线、抛物线和一般二次曲线等。本节将对除圆以外的几种曲线进行简单介绍，读者可以通过操作视频详细了解二次曲线的绘制方法。二次曲线的各项功能需要通过【定制】命令调出来，再将【椭圆】、【双曲线】、【抛物线】和【一般二次曲线】命令拖动到【曲线】工具栏中，如图 2-45 所示。

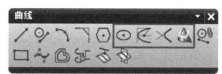

图 2-45　调出二次曲线功能

2.7.1 椭圆

单击【曲线】工具栏中的【椭圆】按钮 ⊙，在弹出的点构造器中确定椭圆中心后，弹出如图 2-46 所示的【椭圆】对话框。椭圆有长轴与短轴，长半轴与短半轴分别指它们的一半，其交点为椭圆的中心。椭圆是绕着 ZC 轴沿逆时针方向从 XC 正向开始旋转构建的，因此，椭圆的起始角与终止角都是相对于长轴测算的，它们决定了椭圆的起始与终止位置。椭圆默认长轴与 XC 轴重合，旋转角为当椭圆绕着中心旋转时长轴与 XC 轴的夹角。

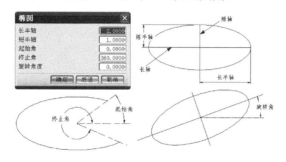

图 2-46　【椭圆】对话框

输入各种参数后单击【确定】按钮，即可完成椭圆的创建，如图 2-47 所示。

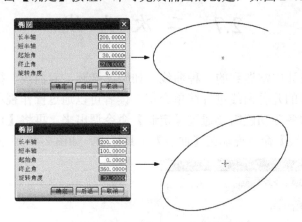

图 2-47　不同参数的椭圆结果

2.7.2　抛物线

抛物线是与一个点（焦点）的距离和与一条直线（准线）的距离相等的点的集合，位于平行于工作平面的一个平面内。构造出的默认抛物线的对称轴平行于 XC 轴。

单击【曲线】工具栏中的【抛物线】按钮，在弹出的点构造器中设置抛物线的顶点后，弹出如图 2-48 所示的【抛物线】对话框，输入参数后单击【确定】按钮即可完成创建，如图 2-49 所示。

其中各参数的含义如下。

◆　焦距长度：指顶点到焦点的距离，焦距长度必须大于 0。

◆　最小 DY/最大 DY：两个参数共同限制抛物线在对称轴两侧的扫掠范围。DY 值通过限制抛物线的显示宽度来确定该曲线的长度，并且两个参数会自动调整，将用户输入的较小值作为最小 DY，而另一个作为最大 DY。

◆　旋转角度：指对称轴与 XC 轴之间的夹角，沿逆时针方向测量，枢轴点在顶点处。

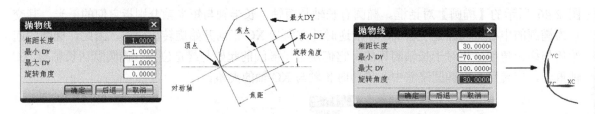

图 2-48　【抛物线】对话框　　　　　　　　　　　　　图 2-49　抛物线的创建

2.7.3　双曲线

双曲线包含两条曲线，分别位于中心的两侧。在 UG 系统中，只构造其中的一条曲线，其中心点在渐近线的交点处，对称轴通过该交点。双曲线从 XC 轴的正向绕中心旋转而来，位于平行于 XC-YC 平面的一个平面上。

视频教学

单击【曲线】工具栏中的【双曲线】按钮✕，在弹出的点构造器中设置双曲线中心，接着弹出如图 2-50 所示的【双曲线】对话框，输入参数后单击【确定】按钮，完成创建，如图 2-51 所示。

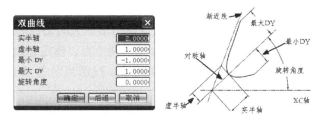

图 2-50　【双曲线】对话框

图 2-51　双曲线的创建

【双曲线】对话框中各参数的含义如下。

◆　实半轴/虚半轴：双曲线实半轴与虚半轴之间的关系确定曲线的斜率。

◆　最大 DY/最小 DY：限制了双曲线在对称轴两侧的扫掠范围。两个参数会自动调整，将用户输入的较小值作为最小 DY，而另一个作为最大 DY。

◆　旋转角度：实轴与 XC 轴之间的夹角确定了双曲线的旋转角度，该角度从 XC 轴正向沿逆时针方向旋转来计算。

2.7.4　一般二次曲线

单击【曲线】工具栏中的【一般二次曲线】按钮，弹出如图 2-52 所示的【一般二次曲线】对话框，其中提供了以下 7 种构造二次曲线的方法。

图 2-52　一般二次曲线构造方式

◆　5 点：通过定义 5 个共面的点来创建二次曲线截面。

视频教学

◆ 4 点，1 个斜率：创建 4 个共面点与第一点处的斜率来确定二次曲线，切矢不必位于曲线所在的平面内，也不必与该平面平行。

◆ 3 点，2 个斜率：通过 3 个点、第一点处的斜率以及第三点处的斜率，创建一个二次曲线截面。

◆ 3 点，顶点：创建由二次曲线上的 3 个点以及两端切矢的交点确定二次曲线截面。

◆ 2 点，锚点，Rho：在已给定二次曲线截面上的两个点、确定起始斜率和终止斜率的锚点以及投影判别式的情况下，创建一条二次曲线。投影判别式 Rho 用于决定二次曲线截面上的第三点。

◆ 系数：通过方程 $Ax^2+Bxy+Cy^2+Dx+Ey+F=0$（其中控制二次曲线的参数 A、B、C、D、E 和 F 是用户定义的）来创建二次曲线，创建的二次曲线位于工作平面内。二次曲线的方位和形状、二次曲线的限制形状以及退化二次曲线可以通过输入想要的系数来定义。

◆ 2 点，2 个斜率，Rho：在已给定二次曲线上的两个点、起始斜率和终止斜率以及投影判别式的情况下，创建一条二次曲线。由两点及其斜率定义的直线是相交的，并用它们来建立顶点。

2.8 样 条 曲 线

样条曲线是通过多项式方程生成的曲线或根据给定的点拟合的曲线，是 UG 曲线功能中应用最为广泛的一类曲线形式，在 UG 系统中所建立的样条曲线都是 NURBS 曲线。与图 2-45 所示的方法相同，将【样条】命令从【定制】对话框拖到【曲线】工具栏中。

单击【曲线】工具栏中的【样条】按钮 ～，弹出【样条】对话框，如图 2-53 所示。

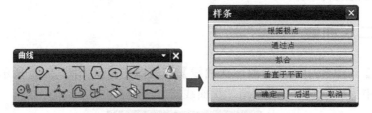

图 2-53 样条曲线创建方式

该对话框提供了以下 4 种生成样条曲线的方法。

◆ 根据极点：通过设置样条曲线的各个极点来生成一条样条曲线。

◆ 通过点：通过设置样条曲线的各定义点来创建一条通过各个定义点的样条曲线。

◆ 拟合：以拟合的方式来生成样条曲线。

◆ 垂直于平面：以正交于平面的曲线来生成样条曲线。

1. 根据极点

单击【样条】对话框中的【根据极点】按钮，弹出如图 2-54 所示的【根据极点生成样条】对话框。如图 2-55 所示为根据极点生成的样条示意图。

该对话框中各选项的含义如下。

◆ 曲线类型：若选中【多段】单选按钮，必须和【曲线阶次】文本框的设置相关，如次数为 3 时，则必须设置 4 个极点才能创建一个节段的样条曲线，若设置 5 个极点，则可建立两个节段的样条曲线；若选中【单段】单选按钮，则只能生成一个节段的样条曲线，此时【曲线阶次】文本框和【封闭曲线】复选框均不可用。

◆ 曲线阶次：代表定义曲线的多项式次数，阶次通常比样条线段中的点数小 1，即点数不得少于阶次数，UG 样条的阶次数介于 1～24 之间。

◆ 封闭曲线：选中该复选框可以生成开始和结束共一点的封闭样条，仅用于多段样条，并且不需将第一点指定为最后一个点，样条会自动封闭。

◆ 文件中的点：用来指定包含用于样条数据点的文件，点的数据可以放在该文件中。

图 2-54 【根据极点生成样条】对话框

图 2-55 根据极点生成样条示意

2. 通过点

单击【样条】对话框中的【通过点】按钮，弹出【通过点生成样条】对话框，该对话框与【根据极点生成样条】对话框相似，单击【确定】按钮后，弹出【样条】对话框，如图 2-56 所示。如图 2-57 所示为通过点生成的样条示意图。

其中各种生成方式的含义如下。

◆ 全部成链：选取起点与终点间的点集作为定义点来生成样条曲线。

◆ 在矩形内的对象成链：利用矩形框选取样条曲线的点集作为定义点来生成样条曲线。

◆ 在多边形内的对象成链：利用多边形选取样条曲线的点集作为定义点来生成样条曲线。

◆ 点构造器：利用点构造器来设置样条曲线的各定义点来生成样条曲线。

通过点生成样条与以极点生成样条的最大区别在于样条曲线通过每一个控制点，其他方向同极点构造曲线相似，这里不再作详细介绍。

图 2-56 通过点生成样条方式

图 2-57 通过点生成样条示意

3. 拟合

该方法可以对样条和构造点已指定的公差进行拟合而创建样条，减少了定义样条所需的数据量，只是通过曲线的端点，其余点根据公差逼近。由于不是强制样条精确通过构造点，从而简化了定义过程。【用拟合的方法创建样条】对话框如图 2-58 所示。如图 2-59 所示为通过拟合创建的样条示意图。

该对话框中各选项的含义如下。

◆ 拟合方法：选中【根据公差】单选按钮，根据样条曲线与定义点之间的最大允许公差生成样条曲线；选中【根据分段】单选按钮，根据样条曲线的分段数来生成样条曲线；选中【根据模板】单选按钮，根据样条曲线模板生成曲线阶数和结点顺序均与模板相同的样条曲线。

◆ 公差：表示控制点与数据点相符的程度。

◆ 赋予端点斜率：用来指定或者编辑样条起点与终点的斜率。

◆ 更改权值：用于设置所选数据点对样条曲线的形状影响和加权因子。加权因子越大，则样条曲线越接近所选数据点；反之，则远离。若为零，则在拟合过程中系统会忽略所选数据点。

其操作步骤与前两种方式类似，这里也不再详述。

图 2-58　【用拟合的方法创建样条】对话框

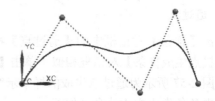

图 2-59　拟合创建样条示意

4. 垂直于平面

该方法是以正交于平面的曲线生成样条曲线。先选择或通过平面子功能定义起始平面，再选择起始点，接着选择或定义下一个平面，然后继续选择所需的平面，完成后单击【确定】按钮即可。

2.9　螺　旋　线

螺旋线在实际中常用来生成弹簧等零件的轮廓线。依次选择菜单栏中的【插入】/【曲线】/【　螺旋线】命令，弹出【螺旋线】对话框，如图 2-60 所示。

该对话框中各选项的含义如下。

◆ 圈数：用于设置螺旋线旋转的圈数。

◆ 螺距：用于设置螺旋线每圈之间的距离。

◆ 半径方法：用于设置螺旋线半径变化的规律。

◆ 半径：以数值的方式来表示螺旋线的旋转半径，螺旋线每圈之间的半径值大小相同。
◆ 旋转方向：用于设置螺旋线的旋转方向。
◆ 定义方位：用于选取直线或者边来定义螺旋线的轴向。
◆ 点构造器：用于设置螺旋线起始点的位置。

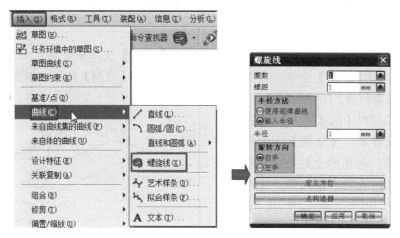

图 2-60　【螺旋线】对话框

2.10　实例·操作——滑脚母

滑脚母是注塑机等产品中的重要零件，其线框轮廓如图 2-61 所示。

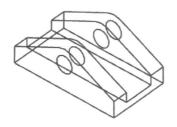

图 2-61　滑脚母

【思路分析】

该零件的轮廓主要可分为两部分，即下面的带槽长方体与上面两个带孔的三角形支撑壁，因此可以分别创建。先创建下面的长方体，再创建上面的一个三角形支撑壁，最后通过镜像曲线完成另一个三角形支撑壁的创建，如图 2-62 所示。

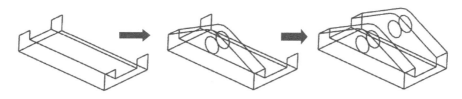

图 2-62　创建滑脚母的流程

【光盘文件】

 结果文件——参见附带光盘中的"END\Ch2\2-10.prt"文件。

 动画演示——参见附带光盘中的"AVI\Ch2\2-10.avi"文件。

【操作步骤】

（1）单击【新建】按钮，或者选择菜单栏中的【文件】/【新建】命令，新建模型2-10.prt并确定其路径为"D:\modl\"。

（2）选择菜单栏中的【插入】/【曲线】/【矩形】命令或者单击【曲线】工具栏中的【矩形】按钮，利用两个对角点来构建矩形。在弹出的点构造器中输入第一个点的坐标（-160，90，0），第二个点的坐标（160，-90，0），单击【确定】按钮完成矩形创建，如图2-63所示。

（3）再次调用【矩形】工具，创建对角点的坐标值为（-160，45，20）和（160，-45，20）的矩形，如图2-64所示。

输入矩形的第一个对角点（-160，90，0）

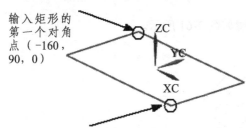

输入矩形的第二个对角点（160，-90，0）

图2-63　创建矩形

（-160，45，20）

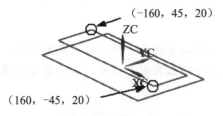

（160，-45，20）

图2-64　再次创建矩形

（4）打开【直线】对话框，输入直线的端点坐标（-160，-90，48），拖动直线方向与YC轴平行，此时会显示黄色辅助图标Y，

在【长度】文本框中输入45，按Enter键确定，单击【应用】按钮，创建直线，如图2-65所示。

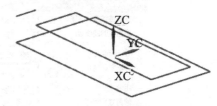

图2-65　创建直线

（5）用同样的方法构建端点分别在（-160，45，48）、（160，-90，48）和（160，45，48）的3条直线，并且沿YC方向长度均为45。连接直线与两个矩形的端点，如图2-66所示。

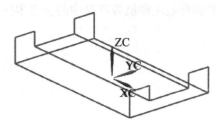

图2-66　下半部分创建完成

（6）调用【基准平面】按钮，构建与ZC-XC平面距离为-90的平面。

（7）打开【圆弧/圆】对话框，在【类型】下拉列表框中选择"从中心开始的圆弧/圆"选项，利用点构造器确认圆心坐标为（0，-90，75），输入半径为25，【平面选项】选择"选择平面"，选择步骤（6）中建立的基准面，并选中【整圆】复选框，单击【确定】按钮，创建如图2-67所示的圆形。

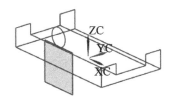

图 2-67　创建圆

（8）再次打开【圆弧/圆】对话框，保持"从中心开始的圆弧/圆"选项不变，选择条中保持"圆心"选项打开，单击步骤（7）中创建的圆，并将其圆心作为新圆的圆心，半径值输入 45，其他选项不变，单击【确定】按钮退出，如图 2-68 所示。

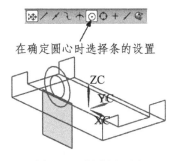

在确定圆心时选择条的设置

图 2-68　创建同心圆

（9）打开【直线】对话框，以如图 2-69 所示的端点为起点，"终点"选项中选择"相切"，然后单击步骤（8）中生成的圆，再单击【应用】按钮创建直线，创建流程如图 2-69 所示。

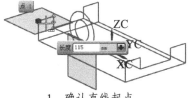

1. 确认直线起点

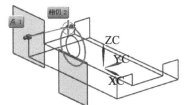

2. 选择圆作为相切对象

图 2-69　创建相切直线

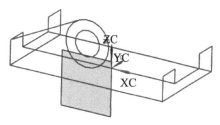

3. 完成创建直线

图 2-69　创建相切直线（续）

（10）重复步骤（9），创建如图 2-70 所示的图形。

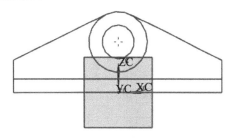

图 2-70　创建滑脚母侧面

（11）调用修剪功能，弹出【修剪】对话框，步骤（9）、（10）中生成的直线作为边界对象，大圆作为修剪对象，保留上部分修剪后的结果，如图 2-71 所示。

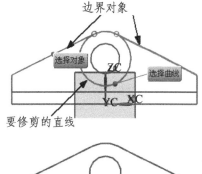

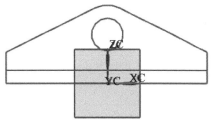

图 2-71　创建修剪直线

（12）单击参考面，按 Ctrl+B 组合键将其隐藏，选择菜单栏中的【编辑】/【移动对象】命令，选择并且重复步骤（7）～（12）

中所创建的曲线，再选择【距离】移动方式，并测量如图 2-72 所示线段长度作为移动距离，创建如图所示的曲线。

（13）在【曲线】工具栏中单击【镜像曲线】按钮 （如果【曲线】工具栏中没有镜像曲线功能，则用户需要通过定制对话框将其拖动到【曲线】工具栏中），选择如图 2-73 所示曲线，【指定平面】选项选择自动判断下拉选项中的 "XC-ZC 平面"，单击【确定】按钮退出，完成设计。

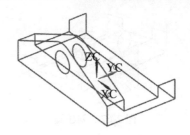

图 2-72　单个侧壁创建（续）

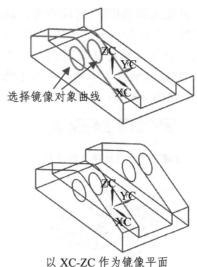

选择镜像对象曲线

以 XC-ZC 作为镜像平面

图 2-73　创建完成

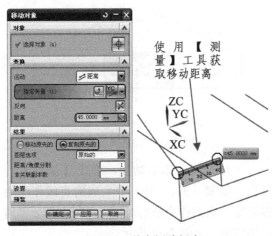

使用【测量】工具获取移动距离

图 2-72　单个侧壁创建

2.11　实例·练习——阀体截面

下面绘制一个阀体的截面图，具体形状如图 2-74 所示。

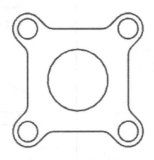

图 2-74　阀体截面

【思路分析】

本曲线模型实例主要由几个基本图形构成，其中 4 个小圆在正方形的顶点上，每个小圆外部包围一个同心半圆，因此创建流程可以为先创建正方形，再创建小圆和同心圆，最后创建中心的大圆。

【光盘文件】

 ——参见附带光盘中的"END\Ch2\2-11.prt"文件。

——参见附带光盘中的"AVI\Ch2\2-11.avi"文件。

【操作步骤】

（1）单击【新建】按钮□，或者选择菜单栏中的【文件】/【新建】命令，新建模型 2-11.prt 并确定其路径为"D:\modl\"。

（2）选择【多边形】工具栏，输入侧面数 4，选择【内切圆半径】选项，输入内切半径为 50、方位角为 45，选择原点作为中心点，创建出一个正方形，如图 2-75 所示，详情可参阅 2.6 节。

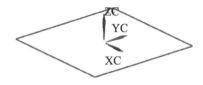

图 2-75　创建正方形

（3）打开【圆弧/圆】对话框，在【类型】下拉列表框中选择"从中心开始的圆弧/圆"选项，中心点选择正方形的某个顶点，半径输入 10，确定【整圆】复选框被选中，单击【应用】按钮。修改半径为 15，然后依次在另外 3 个顶点处创建同心圆，如图 2-76 所示。

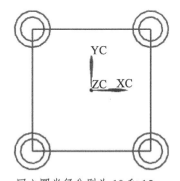

同心圆半径分别为 10 和 15

图 2-76　创建同心圆

（4）使用【直线和圆弧】工具条中的【相切-相切】工具，创建如图 2-77 所示的 4 条直线。

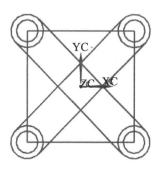

图 2-77　创建相切直线

（5）调用【基本曲线】工具，单击【修剪】按钮，弹出【修剪】对话框，确认【设置】中"修剪边界对象"被选中，按照如图 2-78 所示的步骤修剪各曲线。

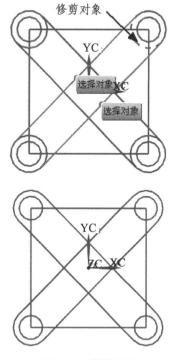

图 2-78　修剪圆弧

（6）再次修剪曲线，选中【修剪边界对象】复选框，修剪结果如图 2-79 所示。

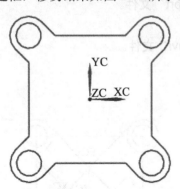

图 2-79　修剪曲线

（7）调用【基本曲线】工具，单击【圆角】按钮，弹出【圆角】对话框，选择"简单圆角"，输入半径为 10，对修剪后的曲线进行圆角操作，结果如图 2-80 所示。

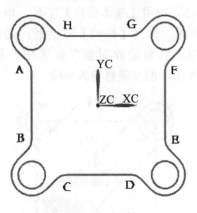

图 2-80　圆角结果

（8）打开【圆弧/圆】对话框，在【类型】下拉列表框中选择"从中心开始的圆弧/圆"选项，中心点设置在原点，输入半径为 30，单击【确定】按钮，完成设计，如图 2-81 所示。

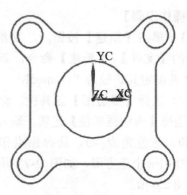

图 2-81　完成设计

第3讲　高级曲线

第 2 讲中讲述了通常构建曲线的方法，在实际建模中，除了从零开始创建曲线之外，往往需要根据已有的几何对象，如实体、片体或者其他曲线以及曲线集中生成新的曲线。本讲将介绍高级曲线的建模方法。首先以典型实例引出一个高级曲线的简单应用，然后重点介绍几种常用的高级曲线，并结合具体模型进一步介绍每一种曲线的使用方法和技巧，最后结合实例帮助读者巩固所学知识。

本讲内容

- 实例·模仿——花瓶
- 相交曲线
- 截面曲线
- 抽取曲线
- 偏置曲线
- 投影曲线
- 组合投影曲线
- 镜像曲线
- 桥接曲线
- 简化曲线
- 连接曲线
- 缠绕/展开曲线
- 编辑曲线
- 实例·操作——水龙头
- 实例·练习——实体框架

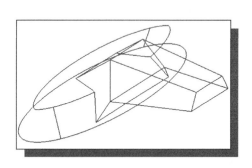
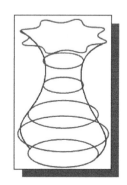

3.1　实例·模仿——花瓶

花瓶的线框模型如图 3-1 所示，主要用到一些较基本的直线、圆、变换、倒圆、样条等功能实现其建模。

【思路分析】

该模型从底面开始一级一级创建不同的圆形截面，然后创建顶层花瓶口，最终通过截面的象限点连接起花瓶的侧面曲线，主要创建流程如图 3-2 所示。

图 3-1　花瓶模型

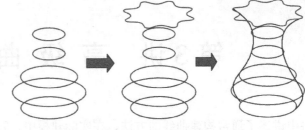

图 3-2　创建花瓶模型的流程

【光盘文件】

 结果文件——参见附带光盘中的"END\Ch3\3-1.prt"文件。

 动画演示——参见附带光盘中的"AVI\Ch3\3-1.avi"文件。

【操作步骤】

（1）单击【新建】按钮 🗋 ，或者选择菜单栏中的【文件】/【新建】命令，如图 3-3 所示，新建模型 3-1.prt，并确定其路径为 "D:\modl\"。

单击【新建】按钮，在弹出【新建】对话框中创建文件名及存放路径，单击【确定】按钮进入建模环境

图 3-3　新建文件

（2）选择【插入】/【曲线】/【圆弧/圆】命令，选择"从中心点开始的圆弧/圆"选项，选择原点作为中心点，输入半径为 35，并确认【限制】选项中【整圆】复选框被选中，单击【应用】按钮创建底面圆，如图 3-4 所示。

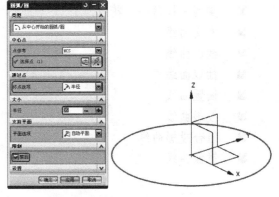

图 3-4　创建底面圆形

（3）继续构造各个截面上的圆形，圆心坐标和半径分别为（0，0，20）、45、（0，0，40）、35，（0，0，70）、20 和（0，0，95）、20。最终创建结果如图 3-5 所示。

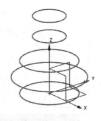

图 3-5　圆形截面组创建

（4）调用【基准平面】工具 🗋 ，在弹出的【基准平面】对话框中选择【类型】为 "XC-YC 平面"，输入距离为 120，单击【确定】按钮退出创建，构建如图 3-6 所示的基准面。

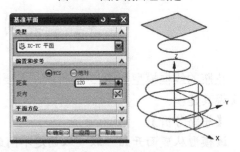

图 3-6　创建基准面

（5）选择菜单栏中的【插入】/【曲线】/【直线】命令，在弹出的【直线】对话框中利用点构造器确定起点坐标为（50，0，120），并确认【支持平面】选项为"选择平面"，点选步骤（4）中建立的平面，终点选项选择 ✎成一角度，选择对象为 X 轴，输入角度为 150，【限制】栏中【终止选项】/【限制】下拉列表框下的【距离】为 50，单击【确定】按钮完成直线的创建。具体对话框设置以及构建结果如图 3-7 所示。

起点（50，0，120），与 X 轴夹角为 150°，长度为 50mm

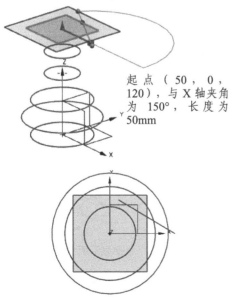

图 3-7　创建直线

（6）单击【标准】工具栏中的【变换】命令 ✎（如果【标准】工具栏中没有【变换】按钮，那么可以按照第 1 讲中所述方法将其从【定制】对话框中调出），选择步骤（5）中生成的直线，在弹出的【变换】对话框中单击【通过一平面镜像】按钮，平面【类型】选择 ✎ XC-ZC 平面，单击【确定】按钮，在弹出的对话框中选择【复制】命令，生成另一条直线，如图 3-8 所示。

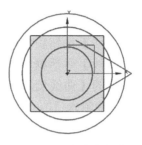

图 3-8　创建镜像直线

（7）选择菜单栏中的【编辑】/【移动对象】命令，创建曲线的圆周阵列。弹出对话框后，按步骤选择新建的两条直线，选择【变换】栏中的【运动】下拉列表框为 ✎角度，【指定矢量】为 ZC 轴，并选取 ZC 坐标轴上任意一点，输入角度为 45，在【结果】栏的【非关联副本数】文本框中输入 7，单击【确定】按钮退出创建。具体对话框设置以及创建结果如图 3-9 所示。

图 3-9　创建直线的圆形阵列

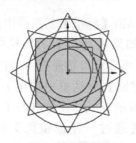

图 3-9　创建直线的圆形阵列（续）

（8）选择菜单栏中的【编辑】/【显示和隐藏】/【隐藏】命令，将最初创建的圆形截面曲线以及基准面隐藏。单击【曲线】工具栏中的【基本曲线】按钮，创建圆角。在弹出的【基本曲线】对话框中单击【圆角】按钮，在弹出的【曲线倒圆】对话框中的【半径】文本框中输入 10，选择默认倒圆类型，按照如图 3-10 所示步骤创建倒圆角。

在靠近需要进行倒圆操作的两曲线交点处单击

单击【是】按钮

单次倒圆结果

图 3-10　使用【基本曲线】工具倒圆

最终倒圆结果

图 3-10　使用【基本曲线】工具倒圆（续）

（9）再次调用【基本曲线】的倒圆工具，创建出如图 3-11 所示的曲线，半径为 5。

图 3-11　倒圆角设置以及圆角结果

（10）选择【编辑】/【显示和隐藏】/【全部显示】命令，如图 3-12 所示，利用先前所有曲线对象创建花瓶的侧面轮廓线。

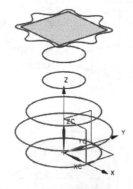

图 3-12　全部显示所有对象

（11）选择【曲线】工具栏中的【样条】选项，选择顶部圆角处和下部各圆形截面曲线的象限点构建样条曲线，在弹出的对话

框中单击【通过点】按钮，在【通过点生成样
条】对话框中保持默认的【多段】单选按钮为
选中状态，并设置【曲线阶】为 3，如图 3-13
所示。

图 3-13 通过点生成样条曲线设置

（12）在弹出的【样条】对话框中单击
【点构造器】按钮，弹出【点】对话框，在
【类型】下拉列表框中选择 ⊙ 象限点 选项，并
依次选择如图 3-14 所示的几个象限点，单击
【确定】按钮完成一条曲线的创建，另外一
条曲线的创建方法类似。

图 3-14 创建样条曲线

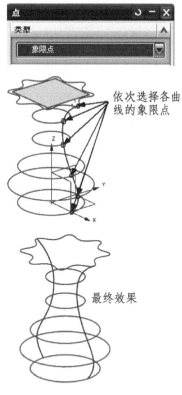

依次选择各曲
线的象限点

最终效果

图 3-14 创建样条曲线（续）

3.2 相 交 曲 线

该功能用于在两组几何对象之间生成相交曲线，并且相交曲线与父几何体相关联，会随着
几何体的改变及时更新。调用相交曲线的方法为在菜单栏中选择【插入】/【来自体的曲线】/
【求交】命令，或者单击【曲线】工具栏中的【相交曲线】按钮 ，弹出【相交曲线】对话
框，如图 3-15 所示。

该对话框中各选项的含义如下。

◆ 第一组：选择第一组创建曲线的几何对象。选中【保持选定】复选框，再单击【应
    用】按钮，系统将会自动选择已选择的第一组或者第二组几何对象。

◆ 第二组：选择第二组创建曲线的几何对象。

◆ 设置：其中【关联】复选框用于指定创建出的相交曲线是否关联。选中该复选框后，
    父几何对象的修改会驱使相交曲线的变更。【曲线拟合】下拉列表框用于设置曲线的
    拟合阶次，包括【三次】、【五次】和【高级】选项，一般选择【三次】选项。【公

差】文本框用于设置距离公差，其值可以在用户默认设置对话框中设置。

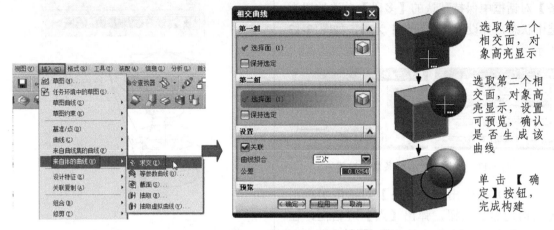

图 3-15　创建相交曲线

3.3　截面曲线

　　该功能用于设定一个截面与选定的几何对象相交，生成一条曲线或一个点。当选择的截面与曲线相交时，生成一个点；当选择的截面与平面或表面相交时，生成一条截面曲线。截面曲线的启动方法为在菜单栏中选择【插入】/【来自体的曲线】/【截面】命令，或者单击曲线工具栏中的【截面曲线】按钮🖿（如果没有该按钮，则需要用户从【定制】命令中的【曲线】/【来自体的曲线】类别中调入），弹出【截面曲线】对话框，如图 3-16 所示。其中共有 4 种类型可供选择：选定的平面、平行平面、径向平面和垂直于曲线的平面。【设置】和【预览】选项栏与相交曲线相同。下面具体介绍生成截面曲线的方式与特点。

1. 选定的平面

　　该类型可以直接通过选择【要剖切的对象】与【剖切平面】来创建剖切曲线，具体创建过程如图 3-16 所示。

图 3-16　选定平面创建截面曲线

2. 平行平面

该类型用于设置一组等间距的平行平面作为截面，这些平行平面与对话框中所设置的【基本平面】平行。这些临时平面在距离基本平面"开始"距离与"结束"距离之间生成，其方向与基本平面的矢量有关，并且每相邻平面之间的距离为"步进"。创建过程如图 3-17 所示。

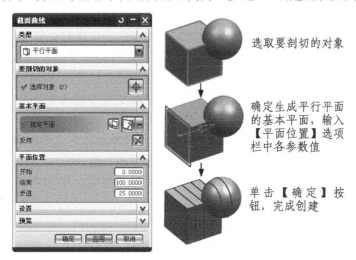

图 3-17　平行平面创建截面曲线

3. 径向平面

该功能用于设置一组有公共直线的等夹角平面作为截面。同"平行平面"构建截面曲线类似，创建的临时平面在与参考平面的"开始"角度与"结束"角度之间构建，根据右手准则确定角度方向，每相邻平面之间的角度均为"步进"。"参考平面"通过径向轴与其上一点来确定，其具体创建过程如图 3-18 所示。

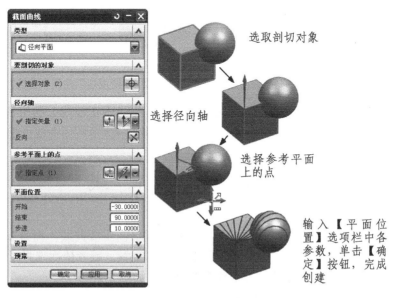

图 3-18　径向平面创建截面曲线

4. 垂直于曲线的平面

该功能用于设置一组与所选曲线垂直的平面作为截面。其中【曲线或边】选项栏用来选择生成垂直平面的曲线或者边。如图 3-19 所示为【截面曲线】对话框和利用曲线或边创建的截面曲线。【间距】下拉列表框中共有如下 5 个选项。

◆ 等圆弧长：沿曲线路径以等圆弧长创建剖面。此时需在【副本数】文本框中输入平面的数目，以及平面相对于曲线全弧长的起始与终止位置的百分比。

◆ 等参数：根据曲线的参数化法来创建剖面。此时需在【副本数】文本框中输入平面的数目，以及平面相对于曲线参数长度的起始与终止位置的百分比。

◆ 几何级数：根据几何级数创建剖面。此时除了需要输入剖面的数目外，还需要输入"比例"，以确定起始与终止点之间的平面间隔。

◆ 弦公差：利用弦公差来创建剖面。选择几何对象后，定义曲线段，使线段上的点距线段端点连线的最大弦距离等于所输入的"弦公差"值。

◆ 递增的圆弧长：以沿曲线路径递增的方式创建剖面。平面将沿着曲线以输入的"弧长"值为递增对象构建。

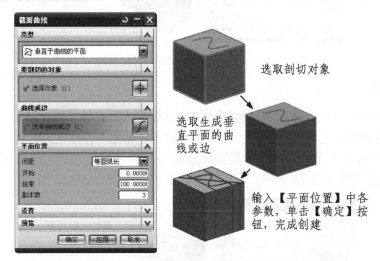

图 3-19　【截面曲线】对话框和利用曲线或边创建截面曲线

其余几种生成辅助平面的方式与等圆弧长类似，相当于在曲线上利用各种方法生成点集之后，在每个点处作曲线的垂直平面，详情可参见第 2 讲 2.2.2 节利用曲线创建点集的内容。

3.4　抽　取　曲　线

该功能用于针对一个或多个几何对象的边缘或者表面生成曲线，而且生成的曲线与原对象没有相关性。当单击曲线工具栏中的【抽取曲线】按钮 ，或者依次选择【插入】/【来自体的曲线】/【抽取】命令后，弹出【抽取曲线】对话框，如图 3-20 所示。

其中每种创建抽取曲线的方法如下。

◆ 边曲线：利用实体或者表面的边缘抽取曲线。单击该按钮，弹出【单边曲线】对话框，如图 3-21 所示，方便用户选择各种类型的边缘生成曲线。

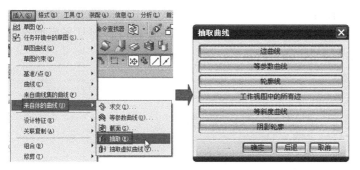

图 3-20 【抽取曲线】对话框　　　　图 3-21 【单边曲线】对话框

◆ 等参数曲线：用于在表面上指定方向，并且沿着指定方向抽取曲线。单击该按钮，弹出【等参数曲线】对话框，如图 3-22 所示，用于设置抽取曲线的方向、数目以及百分比。

◆ 轮廓线：用于从轮廓设置为不可见的视图中抽取曲线。

◆ 工作视图中的所有边：从视图中的所有边缘抽取曲线，产生的曲线与工作视图的设置有关。

◆ 等斜度曲线：利用定义的角度产生等斜率线。单击该按钮，指定一个曲线的矢量方向，随后弹出【等斜度角】对话框，如图 3-23 所示，可在该对话框中设置抽取曲线的类型以及相关参数。

图 3-22 【等参数曲线】对话框　　　　图 3-23 【等斜度角】对话框

◆ 阴影轮廓：利用选定对象的不可见隐藏线生成抽取曲线。

由于抽取出的曲线与原对象无相关性，用户在使用时要注意场合。

3.5 偏 置 曲 线

该功能主要用于利用已有曲线根据一定的偏置规则生成新的曲线，并且新生成的曲线与原曲线相关。曲线可在自己确定的平面内进行偏置，也可以利用拔模方式在另一个平行平面内进行偏置。选择【插入】/【来自曲线集的曲线】/【偏置】命令，或者单击【曲线】工具栏中的【偏置】按钮，弹出【偏置曲线】对话框，如图 3-24（a）所示。其中【类型】选项栏下的下拉列表框中提供了 4 种创建偏置曲线的方式，分别为距离、拔模、规律控制和 3D 轴向。

◆ 距离：根据给定的偏置距离来偏置曲线。这里的偏置曲线是由原曲线上每个点沿着该点法向偏移一个距离形成的点组成的，因此当参数设置不合理，特别是当原曲线曲率较大时常常会发生异常，如图 3-24（b）所示。

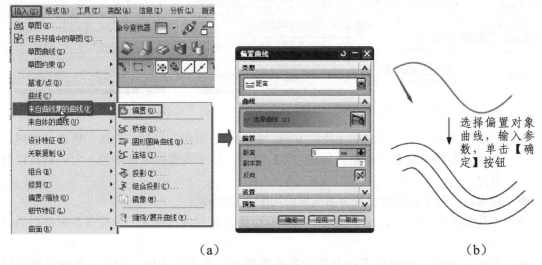

（a） （b）

图 3-24 【偏置曲线】对话框和"距离"方式偏置

◆ 拔模：将曲线按照指定拔模角度偏置到与曲线所在平面相距拔模高的平面上。拔模高为生成曲线与原曲线所在平面之间的距离，拔模角为偏置方向与原曲线所在平面法向的夹角，如图 3-25 所示。

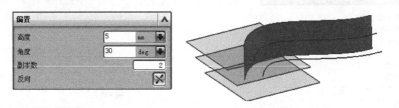

图 3-25 偏置参数设置与"拔模"方式

◆ 规律控制：按照规律曲线控制偏置距离来偏置曲线。
◆ 3D 轴向：按照三维空间内指定的矢量方向和偏置距离来创建曲线。先生成一个矢量，然后输入偏置距离就可以创建出相应的偏置曲线，如图 3-26 所示。

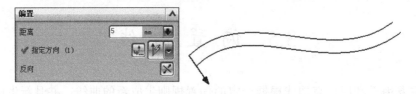

图 3-26 偏置参数设置与"3D 轴向"方式

在弹出的【偏置曲线】对话框中还包括【设置】选项栏，如图 3-27 所示。

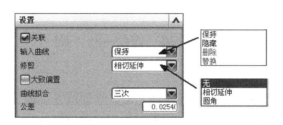

图 3-27　【设置】选项栏

其中【输入曲线】选项表示创建完偏置曲线后对原曲线的处理方式；【修剪】方式共 3 种：无、相切延伸和圆角。其余几个选项前面已有介绍，这里主要介绍修剪设置。

◆ 无：表示偏置后的曲线不进行任何操作，如图 3-28 所示。

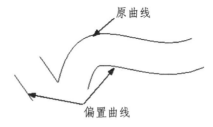

图 3-28　"无"修剪方式

◆ 相切延伸：表示偏置后的曲线延长相交或者彼此裁剪。当取消选中【关联】复选框时，跳出【延伸因子】文本框，用于输入延伸比例，如输入 10，则若生成曲线端点延伸偏置距离的 10 倍之后仍无法相交，系统将以直线连接两个端点；若曲线相交，则裁剪多余部分，如图 3-29 所示。

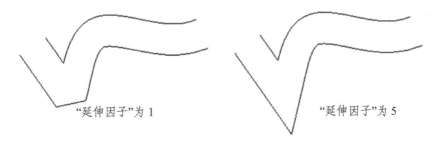

图 3-29　"相切延伸"修剪方式

◆ 圆角：若偏置后的曲线不相交，则系统以该半径值作为连接偏置曲线的圆角半径；若偏置后的曲线相交，则裁剪多余部分，如图 3-30 所示。

图 3-30　"圆角"修剪方式

3.6 投影曲线

该功能主要用于将曲线或者点投影到片体、面、平面或基准面上。点和曲线可以沿着指定矢量方向、与指定矢量成某一角度的方向、指向特定点的方向或面的法向方向进行投影。所有投影曲线均在孔或者面的边界进行修剪。选择【插入】/【来自曲线集的曲线】/【投影】命令，或者单击曲线工具栏中的【投影曲线】按钮 ，弹出如图 3-31 所示的【投影曲线】对话框。

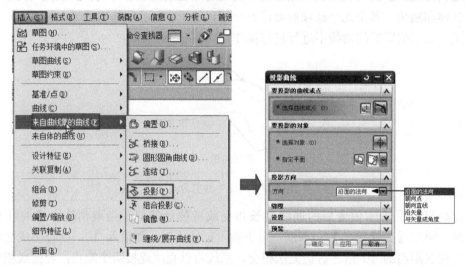

图 3-31 【投影曲线】对话框

【投影方向】选项栏中的【方向】下拉列表框中提供了 5 种创建投影曲线的方式，分别为沿面的法向、朝向点、朝向直线、沿矢量和与矢量成角度。

◆ 沿面的法向：沿所选投影面的法向向投影面投影曲线，如图 3-32 所示。

1. 选取要投影的曲线　　2. 选取要投影的对象　　3. 单击【确定】按钮，完成构建
图 3-32 "沿面的法向"方式投影曲线示意

◆ 朝向点：将原定义曲线朝着一个点向选取的投影面投影曲线，如图 3-33 所示。

利用点构造器或者选取
点的方式确定一个点
图 3-33 "朝向点"方式投影曲线示意

◆ 朝向直线：沿垂直于选取直线或者参考轴的方向向选取的投影面投影曲线，如图 3-34 所示。

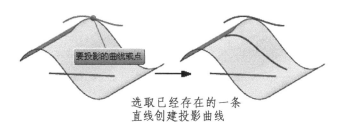

图 3-34　"朝向直线"方式投影曲线示意

◆ 沿矢量：沿设定的矢量方向向选取的投影面投影曲线，如图 3-35 所示。

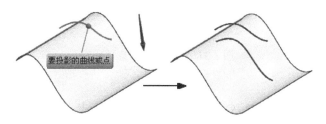

图 3-35　"沿矢量"方式投影曲线示意

◆ 与矢量成角度：沿与设定的矢量方向成一角度的方向向选取的投影面投影曲线，如图 3-36 所示。

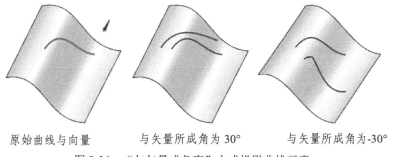

图 3-36　"与矢量成角度"方式投影曲线示意

3.7　组合投影曲线

该功能用于利用两条现有的曲线分别沿不同的方向进行投影来创建一条新的曲线，其中两条曲线的投影必须相交。选择菜单栏中的【插入】/【来自曲线集的曲线】/【组合投影】命令，弹出【组合投影】对话框，如图 3-37（a）所示，其中投影方向分为垂直于曲线方向与沿矢量两种。如图 3-37（b）所示为创建的组合投影曲线。

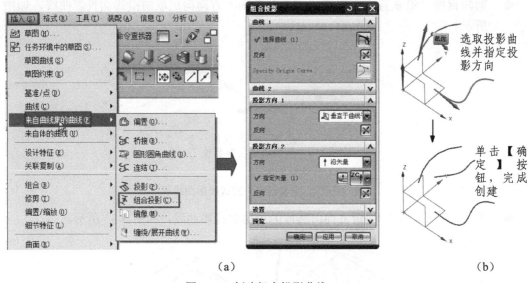

（a）　　　　　　　　　　　　　　　　（b）

图 3-37　创建组合投影曲线

3.8　镜　像　曲　线

　　该功能用于将所选的边或者曲线利用设置的平面进行镜像操作，得到关于平面的一组镜像曲线。单击工具栏中的【镜像曲线】按钮，或者选择【插入】/【来自曲线集的曲线】/【镜像】命令，弹出【镜像曲线】对话框，如图 3-38（a）所示。分别选取镜像曲线与镜像平面即可创建曲线，如图 3-38（b）所示。

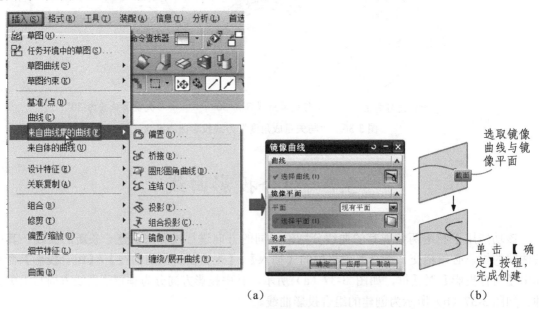

（a）　　　　　　　　　　　　　　　　（b）

图 3-38　创建镜像曲线

3.9　桥　接　曲　线

该功能用于补充两条不相连曲线的间隙部分，使原有对象之间平滑地过渡，生成的曲线与原有曲线之间可以通过控制连续条件、连接部位和方向来平滑过渡。单击工具栏中的【桥接曲线】按钮 ，或者选择【插入】/【来自曲线集的曲线】/【桥接】命令，弹出【桥接曲线】对话框，如图 3-39（a）所示，其中【终止对象】选项栏中的【选项】下拉列表框包括"对象"与"矢量"两个选项，当创建对称桥接曲线时，选择"矢量"选项。如图 3-39（b）所示为创建桥接曲线。

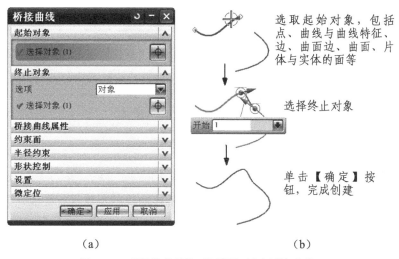

（a）　　　　　　　　　　　　　（b）

图 3-39　【桥接曲线】对话框与创建桥接曲线

1.　桥接曲线属性设置

在【桥接曲线】对话框中，用户还可以对桥接曲线操作选项参数进行详细的设置，其中主要选项及用法如图 3-40 所示。

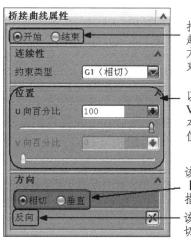

图 3-40　【桥接曲线属性】栏

在【桥接曲线属性】栏中,对于【连续性】属性,系统提供了如下 4 种约束类型。

◆ C0(位置):用于确定开始点与终止点在各自被选曲线上的位置。

◆ C1(相切):生成的桥接曲线与被选的两条曲线在交点处切线连续。

◆ C2(曲率):生成的桥接曲线与被选的两条曲线在交点处曲率连续。

◆ C3(流):生成的桥接曲线与被选的两条曲线在交点处流线连续。

利用不同连续性设置的桥接曲线的示例如图 3-41 所示。

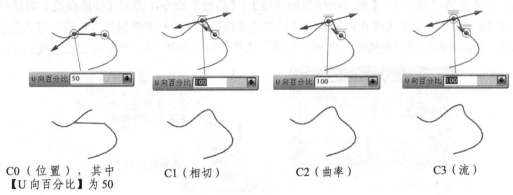

C0(位置),其中 【U 向百分比】为 50

C1(相切)

C2(曲率)

C3(流)

图 3-41　不同连续性设置的桥接曲线示例

2. 桥接曲线形状设置

用户可以在【形状控制】栏中以交互的方式对桥接曲线的形状进行控制,共有如下 4 种方式可供选择。

◆ 相切幅值:该选项通过使用鼠标拖动起始或者终止对象的一个或者两个端点,或通过在【开始】和【结束】文本框中输入一个数值,来调整桥接曲线。起始与终止值表示相切百分比并且初始值为 1,如图 3-42 所示。

图 3-42　相切幅值控制形状示例

◆ 深度和歪斜度:该选项通过改变桥接歪斜以及桥接深度的值来控制曲线的形状。其中,桥接深度通过改变曲线的曲率来控制桥的大小,其值表示曲率影响的百分比; 【歪斜】用于控制最大曲率的位置,其值表示沿桥从起点到终点的距离的百分比,如图 3-43 所示。

◆ 二次曲线:基于指定的 Rho 值更改二次曲线的饱满度,以更改桥接的曲线形状,有效值为 0.01~0.99。二次仅支持 R0(位置)和 R1(相切)连续性类型,且输入曲线共面,如图 3-44 所示。

◆ 参考成型曲线:选择已生成样条来控制曲线的形状,如图 3-45 所示。

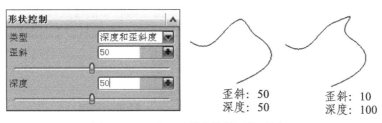

图 3-43 深度和歪斜度控制形状示例

图 3-44 二次曲线控制形状示例

图 3-45 参考成型曲线控制形状示例

3.10 简 化 曲 线

该功能用于将一组曲线简化为圆弧与直线的组合，将高次曲线以最佳的直线与圆弧拟合，降低曲线的次数，最多可选择 512 条曲线。首先从【定制】命令将【简化】命令拖到【曲线】工具栏中，接着从【曲线】工具栏中单击【简化】按钮，弹出如图 3-46 所示的对话框。对话框中提供了 3 种针对原有曲线集的操作，而且用户可以选择【信息】/【对象】选项来得到简化后的曲线信息。

图 3-46 【简化曲线】对话框

3.11 连 接 曲 线

该功能用于将一组曲线链和边合并到一起生成一条 B 样条曲线，其结果是与原曲线链近似的多项式样条，或者是完全表示原有曲线的一般样条。单击工具栏中的【连接曲线】按钮 ，或者选择【插入】/【来自曲线集的曲线】/【连接】命令，弹出如图 3-47 所示的【连接曲线】对话框。

图 3-47　【连接曲线】对话框

其中【输入曲线】下拉列表框提供了 4 种在连接后对原有曲线的操作，在 3.5 节已叙述。下面对【输出曲线类型】下拉列表框进行简单介绍。

◆　常规：将每一条原有曲线转换成一个样条，然后将它们合并到单个样条中。

◆　三次：通过三次样条近似原先的曲线，将原曲线连接到一起。该选项生成的曲线更容易传送到其他系统，而且更容易编辑。

◆　五次：通过五次样条近似原先的曲线，将原曲线连接到一起。

◆　进阶：通过高次样条曲线（通常大于 5 次）对原曲线进行逼近，将原有曲线连接到一起。

3.12　缠绕/展开曲线

该功能用于将平面上的曲线缠绕到圆锥与圆柱面上或者将圆锥与圆柱面上的曲线展开到平面上，其中圆柱面与圆锥面与平面相切，通过这种方式进行输出曲线的定位。输出曲线为 3 次 B 样条曲线，并且与输入曲线、定义面和定义平面相关。选择菜单栏中的【插入】/【来自曲线集的曲线】/【缠绕/展开曲线】命令，弹出如图 3-48 所示的【缠绕/展开曲线】对话框。

图 3-48　【缠绕/展开曲线】对话框

【设置】栏中的【切割线角度】文本框用于输入指定切线（即平面与圆柱或圆锥面的公共直线，此直线与圆柱或者圆锥的轴线共面）绕圆锥或者圆柱轴线旋转的角度，可以为数字或者表达式。

3.13 编 辑 曲 线

通过各种方法可以完成目标曲线的创建，有时还常常需要在已有曲线的基础上做修改与调整，此时可以利用系统提供的各种曲线编辑工具，如果【编辑曲线】工具栏中没有出现如图 3-49所示的某个命令，则用户可以通过单击【编辑曲线】工具栏右上角的倒三角形图标，从弹出的菜单中选择相应的命令即可调出。

图 3-49　【编辑曲线】工具栏

1．编辑曲线参数

选择菜单栏中的【编辑】/【曲线】/【参数】命令，或者单击【编辑曲线】工具栏中的【编辑曲线参数】按钮，弹出如图 3-50 所示的【编辑曲线参数】对话框，系统将根据所选曲线对象自动弹出该曲线的编辑对话框，用户可以在其中进行编辑。

2．修剪曲线

该选项可以根据边界实体调整曲线的端点，可以延长或者修剪直线、圆弧、二次曲线及样条曲线。选择菜单栏中的【编辑】/【曲线】/【修剪】命令，或者单击【编辑曲线】工具栏中的【修剪曲线】按钮，弹出【修剪曲线】对话框，该对话框的功能在第 2 讲中已介绍，依次选择修剪曲线以及边界对象即可完成修剪。

3．修剪拐角

该选项可使两条曲线的交点处形成拐角，并可进行裁剪。选择菜单栏中的【编辑】/【曲线】/【修剪角】命令，或者单击【编辑曲线】工具栏中的【修剪拐角】按钮，然后在两条曲线相交附近单击即可进行修剪，如图 3-51 所示。

图 3-50　【编辑曲线参数】对话框

图 3-51　修剪拐角示意

视频教学

4. 分割曲线

该选项将把曲线分割成一组同样的段，每个生成的段是单独的实体并赋予和原有曲线相同的类型，新曲线将与原曲线处于同一层。选择菜单栏中的【编辑】/【曲线】/【分割】命令，或者单击【编辑曲线】工具栏中的【分割曲线】按钮，弹出【分割曲线】对话框，如图 3-52（a）所示，在【类型】下拉列表中共有如下 5 种分割曲线的方式。

◆ 等分段：以等长或者等参数的方式将曲线分割成相同的节段。若在【分段长度】下拉列表框中选择"等参数"选项，系统将针对不同的曲线类型参数进行分段。直线将分割从起点到终点之间的直线距离；椭圆/圆将分割圆弧的总的内角；样条曲线的分段与节点内的长度有关。如图 3-52（b）所示为样条曲线的等分段结果。

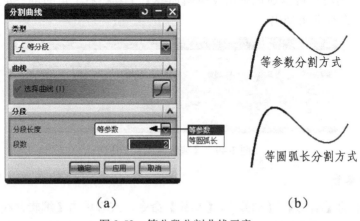

（a） （b）

图 3-52 等分段分割曲线示意

◆ 按边界对象：利用边界对象来分割曲线，该选项共提供了 5 种确定边界对象的方式，分别为现有曲线、投影点、2 点定直线、点和矢量、按平面，如图 3-53（a）所示。如图 3-53（b）所示为按边界对象分割曲线示意图。

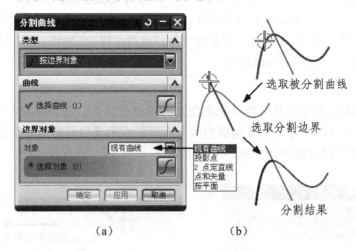

（a） （b）

图 3-53 按边界对象分割曲线示意

◆ 圆弧长段数：根据定义所选曲线的圆弧长来分割曲线。定义圆弧长之后，系统会自动将所选曲线的总长度除以圆弧长，部分长度就是所得到的没有除尽的余数，如图 3-54 所示。

◆ 在结点处：用于在曲线的定义点处将曲线分成多段（只能针对样条曲线操作），如图 3-55 所示。

选取待分割曲线对象，输入圆弧长度，单击【确定】按钮，完成分割

部分长度

图 3-54　按圆弧长段数分割曲线示意

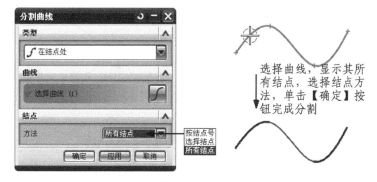

选择曲线，显示其所有结点，选择结点方法，单击【确定】按钮完成分割

图 3-55　在结点处分割曲线示意

◆ 在拐角上：用于一阶样条曲线的分割，一阶样条在形式上同一串首尾相连的直线没有区别，但是整个样条曲线是一个对象，如图 3-56 所示。

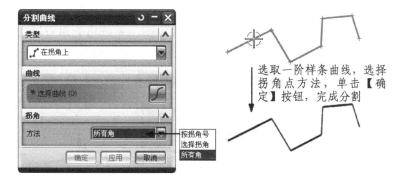

选取一阶样条曲线，选择拐角点方法，单击【确定】按钮，完成分割

图 3-56　在拐角上分割曲线示意

5. 编辑圆角

选择菜单栏中的【编辑】/【曲线】/【圆角】命令，或者单击【编辑曲线】工具栏中的【编

辑圆角】按钮 ，弹出【编辑圆角】对话框，如图 3-57 所示，其中提供了如下 3 种用于编辑圆角的方式。

◆ 自动修剪：系统将自动对圆角后的两边进行修剪。

◆ 手工修剪：编辑圆角完成后，系统将提示用户是否修剪两边线，并提示用户修剪点。

◆ 不修剪：修改圆角半径后，系统不对两边进行修剪。

图 3-57 【编辑圆角】对话框

无论选择上述 3 种方式中的哪一种后，都会弹出选择器，并提示用户依次选取"对象 1"、"圆角"、"对象 2"（这里注意按逆时针方向选取）。选择完后，弹出【编辑圆角】对话框，输入新的圆角半径并设定有关参数完成圆角的修改，如图 3-58 所示。

图 3-58 【编辑圆角】对话框以及编辑圆角示意

6. 拉长曲线

该选项用于收缩或者拉伸几何对象，并保持原有的相对位置。当选取对象的端点时，将拉伸或者收缩对象；当选取对象的其余位置时，将移动对象。选择菜单栏中的【编辑】/【曲线】/【拉长】命令，或者单击【编辑曲线】工具栏中的【拉长曲线】按钮 ，弹出【拉长曲线】对话框，同时用户可以在绘图区对草图对象进行选取。需要注意的是，选取直线时系统会根据用户点选直线的位置进行意图的判断，如果单击直线中部，系统将会对直线进行移动操作；若单击直线两端点附近，系统将通过移动该端点拉伸直线，如图 3-59 所示。

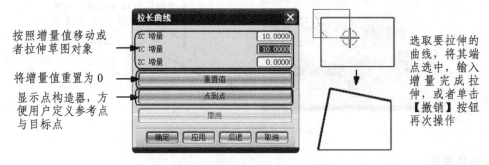

图 3-59 【拉长曲线】对话框以及拉伸操作示意

7. 曲线长度

该选项可以通过指定曲线的弧长增量或者总长度来实现曲线的修改，包含延伸弧长和修剪弧长的双重功能。选择菜单栏中的【编辑】/【曲线】/【长度】命令，或者单击【编辑曲线】工具栏中的【曲线长度】按钮，弹出【曲线长度】对话框，如图 3-60 所示。

图 3-60 【曲线长度】对话框

【长度】下拉列表框中的"增量"方式是通过定义给定曲线弧长的增减量来确定曲线的长度，"全部"方式是以定义给定曲线的总弧长来确定曲线的长度；【侧】用于确定曲线的哪一端被修剪或延伸，其中"对称"方式可使曲线同时向两方延伸；【方法】下拉列表框用于指定延伸段的延伸方式。

利用不同编辑方式的组合进行曲线调整的效果如图 3-61 所示。

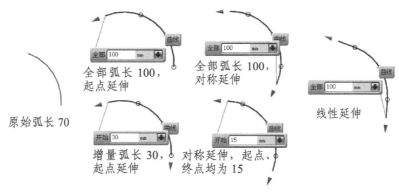

图 3-61 【曲线长度】编辑方式

3.14 实例·操作——水龙头

本实例是一个未加工的水龙头零件，其线框轮廓如图 3-62 所示。

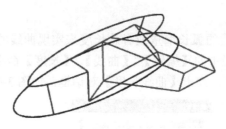

图 3-62　水龙头

【思路分析】

该零件轮廓的创建需要用到本讲所介绍的投影、偏置等创建曲线的方法。首先创建拔模椭圆形底座，再创建水龙头的前端部分，如图 3-63 所示。其中为了得到一些曲线在建模的过程中需要对线框进行曲面操作，具体操作过程见【操作步骤】部分。

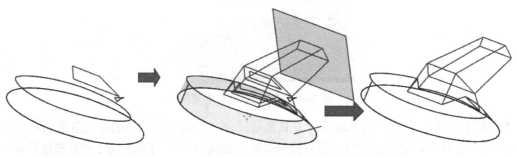

图 3-63　创建水龙头的流程

【光盘文件】

 结果文件——参见附带光盘中的"END\Ch3\3-14.prt"文件。

 动画演示——参见附带光盘中的"AVI\Ch3\3-14.avi"文件。

【操作步骤】

（1）单击【新建】按钮□，或者选择菜单栏中的【文件】/【新建】命令，新建模型3-14.prt 并确定其路径为"D:\modl\"。

（2）选择【插入】工具栏中的【椭圆】命令，在弹出的【点构造器】中选择原点作为椭圆的中心，具体参数设置如图 3-64 所示，单击【确定】按钮创建完毕。

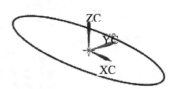

图 3-64　创建椭圆（续）

（3）选择【插入】/【来自曲线集的曲线】/【偏置】命令，在弹出的对话框中选择类型【拔模】，选取步骤（2）中创建的椭圆作为拔模原始曲线，按照图 3-65 所示设置各参数，单击【确定】按钮，完成偏置曲线的创建。

图 3-64　创建椭圆

视频教学

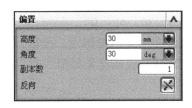

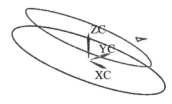

图 3-65　创建偏置曲线

（4）为方便龙头中截面的建立，利用 WCS 的方式进行建模，首先选择【格式】/【WCS】/【旋转】命令，选择"-XC 轴"旋转方向，输入角度为 45，再次选择【WCS】/【动态】命令，拖动 ZC 黄色手柄，使得距离值为 60，操作后的坐标系如图 3-66 所示。

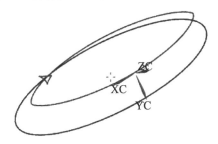

图 3-66　调整 WCS

（5）再次调整工作坐标系，选择"-XC轴"旋转方向旋转 25°，并在工作坐标系（WCS）下使用【直线】工具建立起点与终点分别为（50，20，0）、（-50，20，0）和（30，-20，0）、（-30，-20，0）的两条直线，如图 3-67 所示。

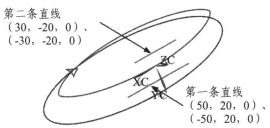

图 3-67　创建直线

（6）再次使用【直线】工具连接步骤（5）中创建的两条直线，构成一个梯形，如图 3-68 所示。

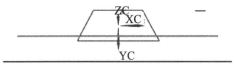

图 3-68　创建梯形线框

（7）选择【插入】/【网格曲面】/【通过曲线组】命令，构建龙头基座曲面，以便后续创建龙头基座上的轮廓线。在弹出的【通过曲线组】对话框中点选已建的一个椭圆添加到列表中，再单击【添加新集】按钮，点选另外一个椭圆，在【设置】栏目中选择"实体"类型，创建一个实体，如图 3-69 所示。

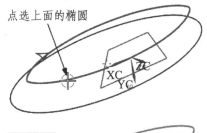

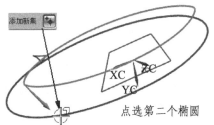

图 3-69　创建曲面

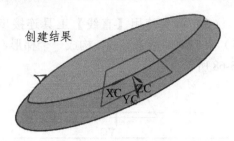

图 3-69　创建曲面（续）

（8）创建投影曲线。选择【插入】/【来自曲线集的曲线】/【投影】命令，在弹出的对话框中选择梯形线框作为【要投影的曲线或点】，选择步骤（7）中创建的顶面与侧面作为【要投影的对象】，【投影方向】选择"沿矢量"，选择两点创建矢量方式，第一点选择梯形上边中点，第二点选择绝对坐标系下的点（0，-30，0），如图 3-70 所示。

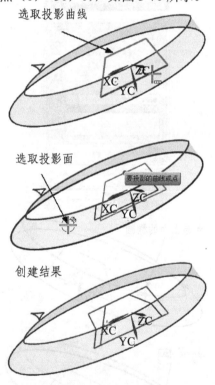

选取投影曲线

选取投影面

要投影的曲线或点

创建结果

图 3-70　创建投影曲线

（9）将工作坐标移回原点，选择【格式】/【WCS】/【定向】命令，【类型】选择 设置为绝对 WCS(A)，从而使得 WCS 与绝对坐标系重合。创建直线，起点与终点分别为（100，

0，0）与（120，40，0），并仿照步骤（8）建立该直线在侧面的投影线，投影方向为 ZC 正方向。直线与投影结果如图 3-71 所示。

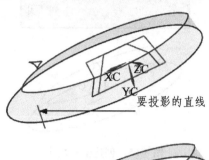

要投影的直线

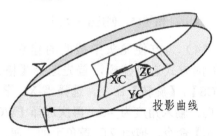

投影曲线

图 3-71　创建一条侧面投影曲线

（10）选择【编辑】/【移动对象】命令，然后选择刚创建的侧面投影曲线，再选择角度变换方式，指定矢量为 ZC 轴，轴点为原点，角度为 180°，副本为 1，单击【确定】按钮。完成另一侧曲线的建模，如图 3-72 所示。

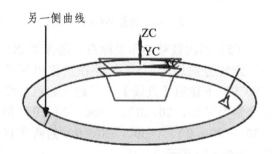

另一侧曲线

图 3-72　创建另一侧曲线

（11）单击【曲线】工具栏中的【在面上偏置】命令 （需要从【定制】命令中调出），点选梯形线框在顶面以及侧面的封闭投影曲线作为偏置对象，偏置距离设置为 10，创建如图 3-60 所示的偏置曲线，如图 3-73 所示。

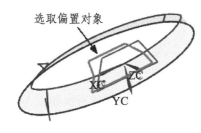

选取偏置对象

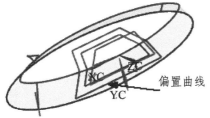

偏置曲线

图 3-73　在面上偏置曲线

（12）创建平行于 XOZ 平面的基准平面，与原点距离为 150，如图 3-74 所示。

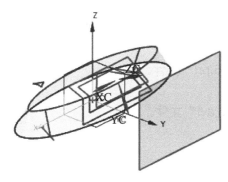

图 3-74　创建基准面

（13）选择【插入】/【来自曲线集的曲线】/【偏置】命令，【类型】选择【距离】选项，点选梯形线框作为偏置对象，输入距离为 10，创建如图 3-75 所示的偏置曲线。

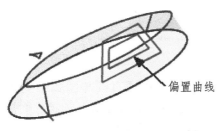

偏置曲线

图 3-75　创建偏置曲线

（14）再次使用【投影】工具，将建立的偏置曲线投影至新建的基准面上，投影方向选择【沿面的法向】，投影结果如图 3-76 所示。

（15）使用【直线】工具，连接水龙头的端部，并隐藏多余对象，得到如图 3-77 所示的结果。

（16）打开【基本曲线】对话框，使用【修剪】工具将不可见的曲线部分修剪，结果如图 3-78 所示。

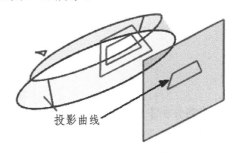

投影曲线

图 3-76　创建水龙头端部投影曲线

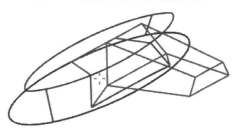

图 3-77　隐藏多余对象

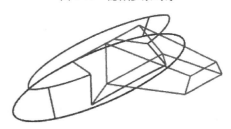

图 3-78　创建结果

3.15 实例·练习——实体框架

下面绘制一个底面为长方形、顶面为圆形的块体的框架曲线，其具体形状如图 3-79 所示。

图 3-79 实体框架

【思路分析】

本曲线模型实例较简单，先创建底面长方形，然后创建顶面圆形，最后将两者连接即可。但是侧面的连线并不在圆形的规则点上，因此利用投影曲线来创建。

【光盘文件】

结果文件——参见附带光盘中的"END\Ch3\3-15.prt"文件。

动画演示——参见附带光盘中的"AVI\Ch3\3-15.avi"文件。

【操作步骤】

（1）单击【新建】按钮，或者选择菜单栏中的【文件】/【新建】命令，新建模型 3-15.prt 并确定其路径为"D:\modl\"。

（2）单击【曲线】工具栏中的【矩形】按钮，在弹出的【点构造器】对话框中输入第一个顶点的坐标（-20，15，0），单击【确定】按钮后，在接下来弹出的【点构造器】对话框中输入对角顶点的坐标（20，-15，0），单击【确定】按钮，矩形创建完毕，如图 3-80 所示。

（3）使用【圆弧/圆】工具，【类型】选择"从中心开始的圆弧/圆"选项，利用【点构造器】选取（0，0，30）作为中心点，输入半径为 10，确定【整圆】复选框被选中，单击【确定】按钮，结果如图 3-81 所示。

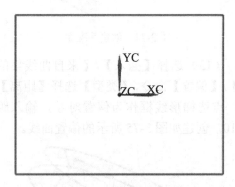

图 3-80 创建矩形

（4）使用【直线与圆弧工具条】中的【点-点】创建直线工具，连接底面矩形的一条对角线，如图 3-82 所示。

（5）使用【基准面】工具，在顶面圆形处创建基准面。选择【自动判断】选项，选中圆心，自动判断出平面，若该平面不平行于 XOY 面，单击【被选解】按钮，创建正确的平面，如图 3-83 所示。

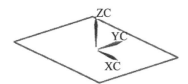

图 3-81 创建顶面圆

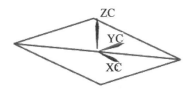

图 3-82 创建相切直线

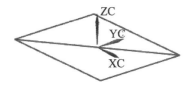

图 3-83 修剪圆弧

（6）选择【插入】/【来自曲线集的曲线】/【投影】命令，依次选择投影曲线与投影面，并保持【投影方向】为"沿面的法向"，单击【确定】按钮创建投影线，如图 3-84 所示。

（7）使用【基本曲线】工具，单击【修剪】按钮，弹出【修剪曲线】对话框，选择曲线修剪端部分后单击【应用】按钮，修剪完另一端后退出，如图 3-85 所示。

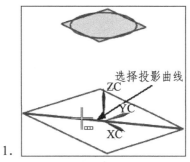

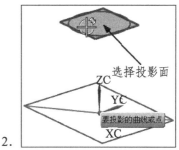

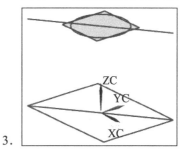

图 3-84 创建投影直线

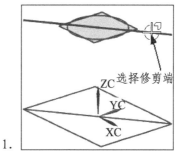

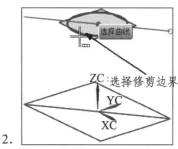

图 3-85 修剪曲线

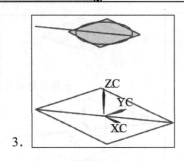

3.

图 3-85　修剪曲线（续）

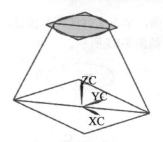

图 3-86　创建侧面曲线

（8）使用【直线】工具连接两条侧面曲线，结果如图 3-86 所示。

（9）选择【标准】工具栏中的【变换】命令，以 XOZ 平面为镜像平面，镜像两条侧面曲线，并隐藏多余对象，完成设计。最终效果如图 3-87 所示。

图 3-87　设计完成

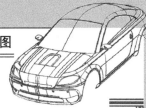
第4讲 草 图

草图是与实体模型相关联的一组二维轮廓的曲线集合。使用 NX 8 可以建立各种基本曲线，并对曲线添加约束，最终用来创建拉伸或者旋转等扫掠特征，也可用来创建复杂曲面。当需要对三维轮廓进行统一的参数化控制时，一般要创建草图（先创建一个大致形状），最终通过约束的添加达到设计要求。

本讲内容

- ➔ 实例·模仿——垫片 1
- ➔ 草图工作平面
- ➔ 草图曲线绘制
- ➔ 草图的约束

- ➔ 草图编辑
- ➔ 实例·操作——垫片 2
- ➔ 实例·练习——螺母截面

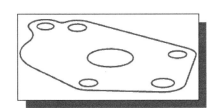 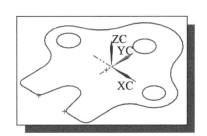

4.1　实例·模仿——垫片 1

垫片是两个物体之间的机械密封，通常以防止两个物体之间受到压力泄漏。如图 4-1 所示为一种特殊形状的垫片。这里利用该垫片的截面形状来介绍草图的创建过程。

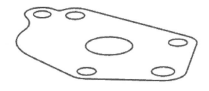

图 4-1　垫片 1

【思路分析】

绘制草图的一般流程为先绘制大致曲线，然后通过添加尺寸与几何约束的方式精确定位草图。因此，该实例的思路是先绘制大致轮廓，如几个圆形以及轮廓线，然后添加约束完成建模，其主要创建流程如图 4-2 所示。

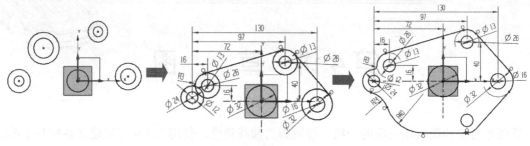

图 4-2 创建垫片的流程

【光盘文件】

　结果文件——参见附带光盘中的"END\Ch4\4-1.prt"文件。

动画演示——参见附带光盘中的"AVI\Ch4\4-1.avi"文件。

【操作步骤】

（1）单击【新建】按钮，或者选择菜单栏中的【文件】/【新建】命令，新建模型 4-1.prt 并确定其路径为"D:\modl\"。

（2）选择【插入】/【任务环境中的草图】命令，或者单击【建模】工具栏中的【任务环境中的草图】按钮，弹出【创建草图】对话框。保持默认选项，单击【确定】按钮，系统将以 XC-YC 平面作为草图平面进入草图环境，如图 4-3 所示。

图 4-3 创建草图

（3）单击【草图】工具栏中的【圆】按钮，使用从中心参数模式创建圆，创建如

图 4-4 所示的几个圆形，大致放置即可，后续操作中还将添加约束。

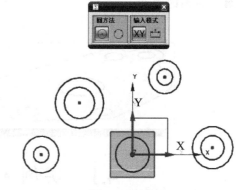

图 4-4 创建圆

（4）使用【直线】工具，确认【选择条】中的"在线上的点"被打开，将圆形连接成如图 4-5 所示。

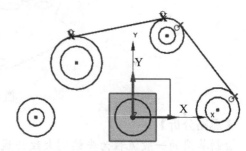

图 4-5 创建切线

（5）使用【圆弧】工具，利用 3 点作弧方式将如图 4-6 所示的两个圆形连接。

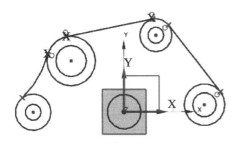

图 4-6　创建近似圆弧

（6）调用自动判断的尺寸功能，对已有草图进行尺寸约束的添加，添加结果如图 4-7 所示。

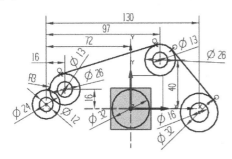

图 4-7　添加尺寸约束

（7）添加几何约束。单击【约束】按钮，使用【点在曲线上】约束类型将直径为 24、12、16、32 的几个圆的圆心固定在 XC 轴上，并且确保两条直线与半径为 3 的圆弧分别与两端的圆相切，如图 4-8 所示。

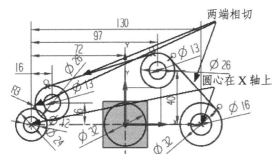

图 4-8　添加几何约束

（8）调用镜像曲线功能，选择如图 4-9 所示的几条曲线，进行镜像操作。

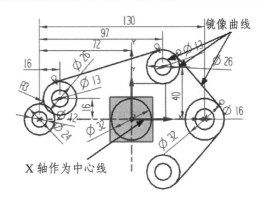

图 4-9　创建镜像曲线

（9）调用轮廓功能，创建如图 4-10 所示的草图。

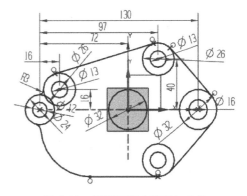

图 4-10　调用轮廓功能添加曲线

（10）再次调用自动判断的尺寸与约束功能，对草图进行尺寸与几何约束，如图 4-11 所示。

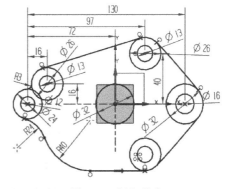

图 4-11　添加约束

（11）单击【快速修剪】按钮，修剪多余曲线，得到如图 4-12 所示的结果。

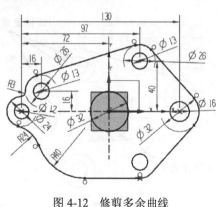

图 4-12　修剪多余曲线

（12）单击【完成草图】按钮 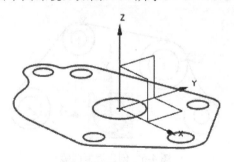，退出草图环境，如图 4-13 所示。

图 4-13　回到建模环境

　　草图（Sketch）是与实体模型相关联的二维图形，一般作为三维实体模型的基础。草图带有随意性，可以在三维空间中任意一个平面内进行草绘曲线的创建。为了便于用户在设计过程中发挥自己的创造力，在创建模型的过程中可以先绘制一个大致轮廓，然后通过各种约束完成精确的参数化建模。当草图被修改时，所关联的三维模型也将会相应地更新。

4.2　草图工作平面

　　草图平面即绘制草图对象的平面，在一个草图中建立的所有草图对象都是在该草图平面上的。草图平面可以是坐标平面、已有基准面、实体表面或者片体面。

　　选择菜单栏中的【插入】/【草图】或【任务环境中的草图】命令，或者单击【建模】工具栏中的【草图】按钮 或【任务环境中的草图】按钮 ，弹出如图 4-14 所示的【创建草图】对话框。

图 4-14　【创建草图】对话框

　　该对话框中共有两种创建草图工作平面的方式：在平面上与在轨迹上。

4.2.1　在平面上的草图平面

"在平面上"为创建草图时的默认选项，此时平面方法共有如下 3 种。

◆　现有平面：在现有的工作坐标平面或者实体平面上创建草图。

◆　创建平面：创建一个新的平面创建草图。例如，使用点、实体边界或者已有实体的面
并设置距离参数创建草图平面。

◆　创建基准坐标系：先创建一个合适的坐标系，然后利用坐标平面创建草图。

4.2.2　在路径上的草图平面

该方式是以直线、圆、实体边线或者棱线等曲线作为轨迹，在与该轨迹垂直或者平行等约
束的平面上创建草图，该类型面板内容如图 4-15 所示。

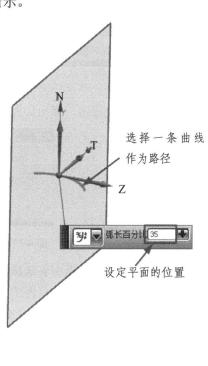

图 4-15　"基于路径"类型面板内容

其中，【位置】下拉列表框中有如下 3 个选项。

◆　圆弧长：通过设定选取点距离曲线起点的圆弧长度来确定草图平面的位置。

◆　弧长百分比：通过设定选取点距离曲线起点的圆弧长度百分比来确定草图平面的
位置。

◆　通过点：通过坐标参数或者光标位置来确定草图平面。

视频教学

4.3 草图曲线绘制

在草图任务环境中，有一系列草图工具可供使用。系统将按草图构建的先后顺序依次取名为 SKETCH_000、SKETCH_001 等，名称显示在【草图名】文本框中，打开下拉列表，通过选取草图名称可以激活该草图。绘制完成后，单击【完成草图】按钮，即可退出草图环境回到基本建模环境中。

4.3.1 定位

【草图】工具栏包含草图绘制过程中的一些基本操作，其基本命令如图 4-16 所示。

图 4-16 【草图】工具栏

单击【创建定位尺寸】按钮，弹出如图 4-17 所示的【定位】对话框。

图 4-17 【定位】对话框

下面依次介绍【定位】对话框中各选项的含义。

◆ （水平的）：自动以当前草图的 X 轴方向作为水平方向，在两点之间生成一个与水平参考对齐的定位尺寸，如图 4-18（a）所示。

◆ （竖直的）：自动以当前草图的 Y 轴方向作为竖直方向，在两点之间生成一个与竖直参考对齐的定位尺寸，如图 4-18（a）所示。

◆ （平行的）：提示用户先选择目标实体上的点，然后选择草图对象上的点，以两点之间的距离进行定位，如图 4-18（a）所示。

◆ （垂直的）：提示用户先选择目标边缘，然后选择草图对象，系统自动判断与选择目标对象边缘垂直的位置进行定位，如图 4-18（b）所示。

◆ （按一定距离平行）：选择顺序与"垂直的"相同，但是草图对象必须与目标边缘平行，系统按照平行线之间的距离进行定位，如图 4-18（b）所示。

◆ （角度）：用于在给定角的一条草图线性边与一条线型参考边/曲线之间生成一个定位约束尺寸，如图 4-19（a）所示。

◆   （点到点）：设置对象与"平行的"相同，但是定位距离为 0，一般用于两个圆心的定位，如图 4-19（b）所示。

◆   （点到线）：设置对象与"垂直的"相同，但是定位距离为 0，点在目标边缘上，如图 4-19（c）所示。

◆   （线到线）：用于通过使得目标体与草图曲线上的两条直边重合进行定位，如图 4-19（a）所示。

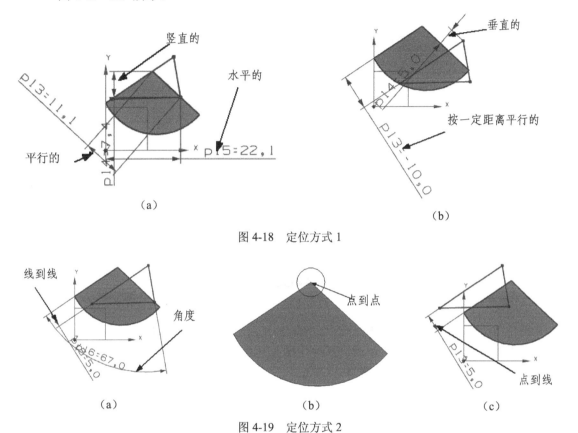

图 4-18　定位方式 1

图 4-19　定位方式 2

4.3.2　轮廓

在草图任务环境中选择【插入】/【曲线】/【轮廓】命令，或者单击【草图】工具栏中的【轮廓】按钮 ，弹出【轮廓】工具栏，如图 4-20 所示，该工具栏用于创建一系列首尾相连的线串。

图 4-20　【轮廓】工具栏

其中,【对象类型】提供了绘制直线与圆弧的工具。【输入模式】包括参数模式(通过参数模式确定位置)和坐标模式(通过输入坐标的方式确定位置)两种,如图 4-21 所示。

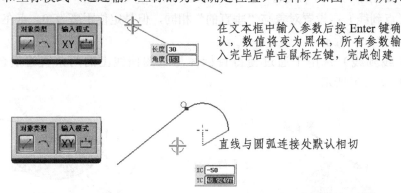

图 4-21　"轮廓"方式创建草图

4.3.3　直线与圆弧

在草图环境中选择【插入】/【曲线】/【直线】命令,或者单击【草图】工具栏中的【直线】按钮，弹出如图 4-22 所示的【直线】工具栏。

图 4-22　【直线】工具栏

其使用方法与【轮廓】工具栏相似,不同之处在于使用【直线】工具每次只创建一条直线。此外在创建直线的过程中,可以灵活应用捕捉功能,系统会及时捕捉用户的设计意图,并在光标附近显示捕捉提示符号,如图 4-23 所示。

图 4-23　"捕捉"方式创建直线

选择【插入】/【曲线】/【圆弧】命令,或者单击【圆弧】按钮，弹出如图 4-24 所示的【圆弧】工具栏。

图 4-24　【圆弧】工具栏

系统提供了两种创建圆弧的方式：三点方式与圆心端点方式，这两种方式均与曲线创建中的圆弧创建方式相似。在草图平面上创建圆弧，如图 4-25 所示。

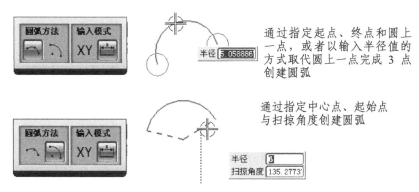

通过指定起点、终点和圆上一点，或者以输入半径值的方式取代圆上一点完成 3 点创建圆弧

通过指定中心点、起始点与扫掠角度创建圆弧

图 4-25　创建圆弧

选择【插入】/【曲线】/【圆】命令，或者单击【圆】按钮 ○，弹出【圆】工具栏，其中圆方法有圆心和直径定圆与三点定圆两种方式，如图 4-26 所示。

图 4-26　【圆】工具栏

4.3.4　派生直线

选择【插入】/【来自曲线集的曲线】/【派生直线】命令，或者单击【草图】工具栏中的【派生直线】按钮，光标将变为 ✥ 形状，系统将根据用户所选择的直线与光标位置创建合适的直线。如图 4-27 所示为创建偏置直线的方法。

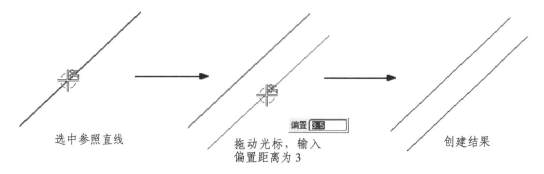

选中参照直线

拖动光标，输入偏置距离为 3

创建结果

图 4-27　创建平行偏置直线

当用户依次选择两条相交或者平行直线时，系统将根据已知直线创建其角平分线和中位线。通过拖动鼠标光标或者在【长度】文本框中输入长度值确定目标直线，如图 4-28 所示。

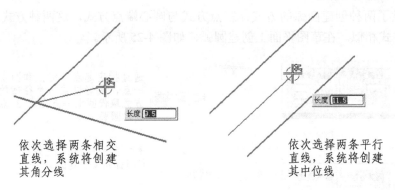

依次选择两条相交
直线，系统将创建
其角分线

依次选择两条平行
直线，系统将创建
其中位线

图 4-28　创建角分线与中位线

4.3.5　矩形

选择【插入】/【曲线】/【矩形】命令，或者单击【矩形】按钮□，弹出如图 4-29 所示的【矩形】工具栏。

图 4-29　【矩形】工具栏

该工具栏提供了如下 3 种创建矩形的方式。

◆ （按 2 点）：通过指定矩形的对角点创建矩形。

◆ （按 3 点）：通过指定矩形的 3 个顶点创建矩形，变相地通过确定矩形的两邻边长度确定矩形。

◆ （从中心点）：依次指定矩形的中心点、旋转角度、高度来创建矩形，如图 4-30 所示。

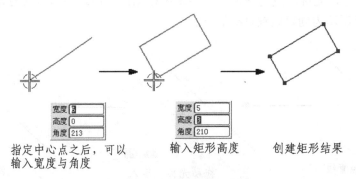

指定中心点之后，可以
输入宽度与角度

输入矩形高度

创建矩形结果

图 4-30　从中心点创建矩形

4.3.6　修剪与延伸

UG 为用户提供了方便的用于修剪与延伸的工具，在草图的绘制过程中，使用这些工具进行

视频教学

相应的修剪与延伸。

1. 快速修剪

单击【快速修剪】按钮，弹出如图 4-31 所示的【快速修剪】对话框。

该功能可以以任一方向将曲线修剪至最近的交点或者选定的边界。弹出的对话框默认选择为【要修剪的曲线】，按住鼠标左键不放并拖动，使光标划过要修剪的曲线，系统会自动删除该曲线在端点、交点之间的划过部分，如图 4-32 所示。选中【设置】选项栏中的【修剪至延伸线】复选框，会假定边界曲线将延伸并与被修剪曲线相交。

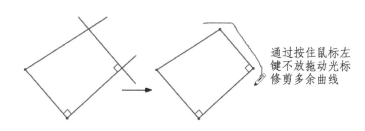

通过按住鼠标左键不放拖动光标修剪多余曲线

图 4-31 【快速修剪】对话框   图 4-32 修剪曲线示意

2. 快速延伸

单击【快速延伸】按钮，弹出如图 4-33 所示的【快速延伸】对话框。

图 4-33 【快速延伸】对话框

该功能用于使曲线自动延伸至与绘图区中的某条已有直线或者其延伸线相交，其使用方法与【快速修剪】基本相同，这里不再介绍。

4.4 草图的约束

草图约束可以分为几何约束和尺寸约束两种，几何约束用来控制草图对象之间的几何关系，包括固定、平行、半径、垂直和角度等；尺寸约束用来控制草图对象之间的尺寸大小，如水平、垂直、平行等。一般先添加几何约束以确定草图的形状，再添加尺寸约束用于精确控制草图的尺寸大小。

4.4.1　几何约束

在 UG 中，几何约束的种类多种多样，对于不同的草图对象可以添加不同的几何约束类型，各种草图对象之间通过几何约束得到期望的定位效果。单击【约束】按钮，选择需要添加约束的几何对象，弹出【约束】工具栏，用户可以选择需要的约束类型进行添加。

◆　（固定）：将草图对象固定在某个位置。不同的几何对象有不同的固定方法，点固定在其所在的位置；线一般固定其角度或者端点；圆和椭圆固定其圆心；圆弧固定其圆心或者端点。

◆　（全部固定）：选择该选项后，所选草图对象不需要其他任何约束。

◆　（水平）：用于定义直线为水平直线。

◆　（竖直）：用于定义直线为竖直直线。

◆　（恒定角度）：用于确定直线为固定的角度。

◆　（恒定长度）：用于确定直线为固定的长度。

◆　（共线）：用于确定两条或多条直线共线。

◆　（平行）：用于确定两条或多条直线平行。

◆　（垂直）：用于定义两条曲线相互垂直。

◆　（相等）：用于定义两条或多条曲线等长。

◆　（相切）：用于定义两个对象相切。

◆　（等半径）：用于定义两个或多个圆弧等半径。

◆　（重合）：用于定义两个或两个以上点相互重合，这里的点可以是草图中的点，也可以是其他草图对象中的关键点，如端点、控制点等。

◆　（点在曲线上）：用于定义点在所选曲线上。

◆　（中点）：用于定义点在线段或者圆弧的中点。

◆　（同心）：用于确定两个或者两个以上圆或椭圆的圆心重合。

◆　（曲线的斜率）：用于定义样条曲线过一点与一条曲线相切。

◆　（（非）均匀比例）：用于定义样条曲线在两个端点移动时，保持其形状不变（改变）。

4.4.2　尺寸约束

草图的尺寸约束用于控制草图对象的尺寸大小。一般而言，应先尽量充分添加几何约束，但是当后期要频繁修改其尺寸约束时，应按照设计意图少添加约束，以方便后续的修改操作。

调出【尺寸】工具栏后单击【草图尺寸对话框】按钮，弹出如图 4-34 所示的【尺寸】对话框。

【尺寸】对话框的列表中显示了该草图中的所有尺寸约束，其中可以使用【删除】工具删除高亮显示的尺寸约束，也可以在文本框中修改尺寸表达式。尺寸约束共提供了如下 9 种约束类型。

◆ 自动判断尺寸：根据选取对象后光标和对象的相对位置自动判断约束类型。

◆ 水平（竖直）尺寸：添加 XC（YC）方向的约束数值。

◆ 平行尺寸：将约束两点之间的距离。

◆ 垂直尺寸：用于约束点和直线之间的距离。

◆ 角度尺寸：用于约束两条直线之间的夹角。

◆ 直径（半径）尺寸：用于约束圆或者圆弧的直径（半径）长度。

◆ 周长尺寸：用于约束一段或者多段曲线的周长。

尺寸表达式引出线包括自动放置、手动放置箭头在内、手动放置箭头在外 3 种。指引线位置包括从左侧引出与从右侧引出两种。

图 4-34　草图【尺寸】对话框

4.4.3　约束操作

用户在对草图添加完约束之后，还可以使用系统提供的各种约束操作工具对添加完的约束进行管理操作，进一步查看或者修改草图对象。

◆ （显示所有约束）：用于在绘图区显示所有的草图对象及其约束标志，如图 4-35 所示。

◆ （显示/移除约束）：用于查看现有几何约束，并以列表的方式显示出所设置查看范围内的约束，从而进行移除等操作。单击该按钮，弹出如图 4-36 所示的【显示/移除约束】对话框。

◆ （备选解）：用于在同一约束的多种解决方案之间转换。单击该按钮，系统进入备选模式，并根据用户所选取的对象进行备选阵列，如图 4-37 所示。

◆ （转换至/自参考对象）：在添加约束的过程中，有时会由于系统自动捕捉用户设计意图过多而引起约束冲突，此时就可以用该选项解决，还可以利用该选项建立一些辅助参考对象或者反过程，如图 4-38 所示。

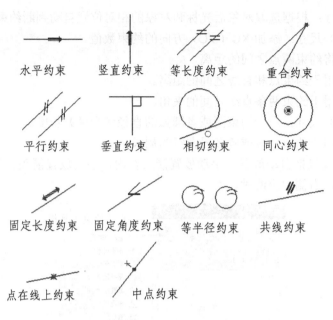

图 4-35　显示所有约束

◆　🔧（自动判断的约束和尺寸）：用于控制在草图对象的创建过程中哪些约束系统可以自动判断添加。

◆　🔧（创建自动判断的约束）：在创建草图对象的过程中启用自动判断的约束。

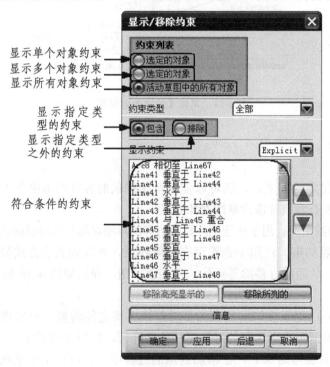

图 4-36　【显示/移除约束】对话框

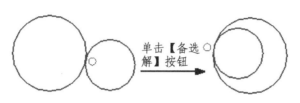

图 4-37 两圆相切的备选解示意

图 4-38 草图对象转换为参考对象示意

4.5 草 图 编 辑

草图对象是在一个平面上的一组曲线对象，因而可以针对已有草图对象进行编辑与修改，使之符合设计需求。

4.5.1 镜像

该功能可以以现有草图直线为对称线，通过镜像复制出草图的一个副本，且创建出的副本与源对象有关联性，会随着源对象的修改实时更新，是草图编辑时常用到的功能之一。选择【插入】/【来自曲线集的曲线】/【镜像曲线】命令，或者单击【草图工具】工具栏中的【镜像曲线】按钮 镜像曲线，弹出【镜像曲线】对话框，依次单击中心线、要镜像的曲线，即可完成创建，如图 4-39 所示。

选中【设置】选项栏中的【转换要引用的中心线】复选框，系统将自动把中心线转化为参考对象。

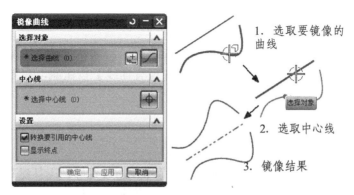

图 4-39 【镜像曲线】对话框及操作示意

4.5.2　偏置

　　该功能用于将指定草图对象按照指定的方向偏置指定距离，从而复制出一条新的曲线。偏置出的曲线同样具有关联性，自动创建偏置约束。由于草图操作是在二维平面上，因此同样的操作曲线相对复杂一些。选择【插入】/【来自曲线集的曲线】/【偏置曲线】命令，或者单击【偏置曲线】按钮，弹出如图 4-40 所示的【偏置曲线】对话框，选中曲线后输入偏置参数即可完成创建。

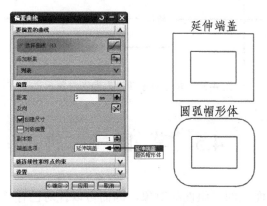

图 4-40　【偏置曲线】对话框及操作示意

4.5.3　投影与相交

　　投影曲线是指将曲线、边或者草图外的点沿草图法向投影到草图上。选择【插入】/【处方曲线】/【投影】命令，或者单击【投影曲线】按钮，系统将提示选择要投影的对象，并可在弹出的对话框中设置是否关联等参数。

　　相交曲线是指利用草图平面和其余平面相交创建曲线。选择【插入】/【处方曲线】/【相交】命令，或者单击【相交曲线】按钮，系统将提示选择要相交的面，同样可以设置各种公差等参数。

4.5.4　添加现有曲线

　　使用【曲线】工具创建现有草图平面上的二维曲线，可以通过添加现有曲线功能将其转化为草图对象该草图不具备任何约束。单击【添加现有曲线】按钮，在弹出的对话框中选择现有曲线，即可将其转化为草图曲线。

4.5.5　编辑定义线串

　　线串是指连接在一起的多条曲线，如 4.3.2 节中使用【轮廓】工具建立的草图对象曲线。草图一般作为拉伸、旋转等特征的截面线串。编辑定义线串用于将某些曲线、边和表面等元素添加进来，形成扫描特征的截面线串中，或者用来从形成扫描特征的截面曲线中移去一些曲线、边和表面等几何元素。

当前草图生成拉伸、回转、扫掠等特征后，再回到草图环境中，单击【编辑定义截面】按钮，弹出【编辑定义截面】对话框，单击【替换助理】按钮，弹出【替换助理】对话框，同时绘图区将显示更改前后的草图，用户可以在其中定义和更改曲线的映射关系，如图 4-41 所示。

| 原有拉伸 | 双击草图，进入草图任务环境 | 打开【编辑线串】，按住 Shift 键单击，取消选中原有线串并选择新的线串 | 修改结果 |

图 4-41　【编辑定义截面】对话框及操作示意

4.5.6　编辑曲线参数

完成草图创建后，有时需要对草图曲线参数进行修改，选择菜单栏中的【编辑】/【曲线】/【参数】命令，弹出如图 4-42 所示的【编辑曲线参数】对话框，用户选取要编辑对象后，弹出该对象的非关联创建对话框进行编辑。

另外，当所选取的对象是样条曲线时，弹出如图 4-43 所示的【编辑样条】对话框，用以对样条曲线进行各种高级编辑。

图 4-42　【编辑曲线参数】对话框

图 4-43　【编辑样条】对话框

视频教学

4.6 实例·操作——垫片 2

在实例操作中介绍另一个垫片截面的创建流程，如图 4-44 所示。

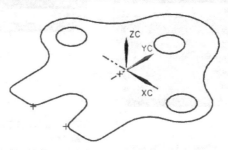

图 4-44 垫片 2

【思路分析】

该草图为完全对称图形，因此可以先使用【草图】工具创建一半草图，再使用【镜像】工具创建另一半草图。在创建之初参考线的创建可为后续几何对象的定位和选取带来极大地方便，其主要创建流程如图 4-45 所示。

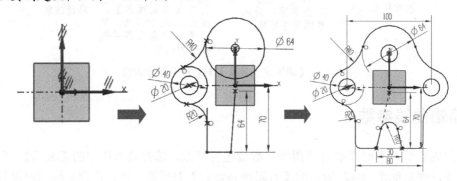

图 4-45 垫片创建的流程

【光盘文件】

 ——参见附带光盘中的 "END\Ch4\4-6.prt" 文件。

 ——参见附带光盘中的 "AVI\Ch4\4-6.avi" 文件。

【操作步骤】

（1）单击【新建】按钮□，或者选择菜单栏中的【文件】/【新建】命令，新建模型 4-6.prt，确定其路径为 "D:\modl\"。

（2）选择【插入】/【任务环境中的草图】命令，或者单击【草图】按钮，在弹出的【创建草图】对话框中确定以 XC-YC 平面作为草图平面进入草图环境。

（3）使用【直线】工具，分别作与 XC 轴与 YC 轴重合的直线，并使用【约束】工具，添加共线约束，使两条直线与坐标轴重合,如图 4-46 所示。

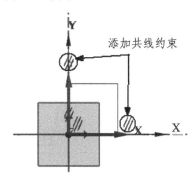

图 4-46　创建参考直线

（4）调用【转换至/自参考对象】功能，在弹出的对话框中选择新建的两条直线转换为参考对象，如图 4-47 所示。

图 4-47　转换为参考对象

（5）使用【圆】工具，创建如图 4-48 所示的几个圆形。

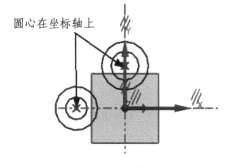

图 4-48　创建圆形

（6）使用【直线】工具，创建如图 4-49 所示的直线。

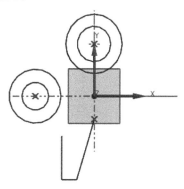

图 4-49　创建直线

（7）使用【圆弧】工具，创建如图 4-50 所示的两段圆弧。

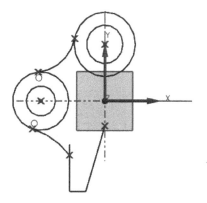

图 4-50　创建圆弧

（8）选择【自动判断的尺寸】选项，为草图对象添加尺寸约束，添加结果如图 4-51 所示。

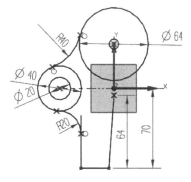

图 4-51　添加尺寸约束

（9）调用约束功能，添加几何约束，使

得两组圆同心并且圆心分别在坐标轴上，两个内圆等半径，圆弧分别与两端对象相切，添加结果如图 4-52 所示。

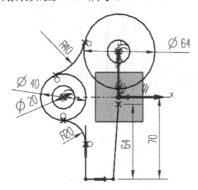

图 4-52　添加几何约束

（10）调用镜像曲线功能，选择如图 4-53 所示的几条曲线，进行镜像操作。

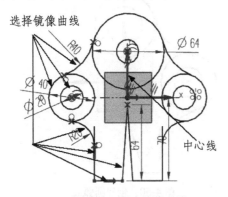

图 4-53　创建镜像曲线

（11）使用【圆弧】工具，创建如图 4-54 所示的圆弧。

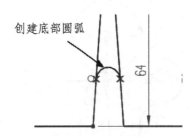

图 4-54　创建圆弧

（12）调用自动判断的尺寸与约束功能，添加如图 4-55 所示的约束。

（13）使用【圆角】工具，在如图 4-56

（a）所示位置创建圆角，半径为 5，镜像曲线部分会相应更新，如图 4-56（b）所示。

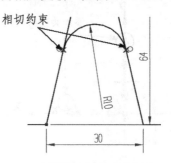

图 4-55　添加约束

创建半径为 5 的圆角
（a）

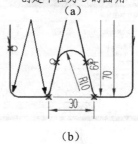

（b）

图 4-56　创建圆角

（14）单击【快速修剪】按钮，修剪多余曲线，并添加对称元素距离的尺寸约束，得到如图 4-57 所示的结果。

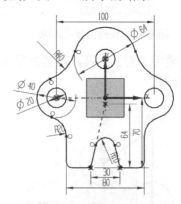

图 4-57　修剪多余曲线

（15）单击【完成草图】按钮，退出草图环境，如图 4-58 所示。

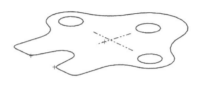

图 4-58　垫片构建结果

4.7　实例·练习——螺母截面

本练习要求绘制一个螺母的截面图，其具体形状如图 4-59 所示。

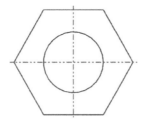

图 4-59　螺母截面

【思路分析】

本草图实例主要由两个基本图形构成，即一个圆形和一个六边形，由于草图中没有直接创建多边形的工具，因此可以先创建一个六边形的外接圆，然后通过各种约束精确定位。

【光盘文件】

——参见附带光盘中的"END\Ch4\4-7.prt"文件。

——参见附带光盘中的"AVI\Ch4\4-7.avi"文件。

【操作步骤】

（1）单击【新建】按钮 ，或者选择菜单栏中的【文件】/【新建】命令，新建模型 4-7.prt 并确定其路径为"D:\modl\"。

（2）创建与坐标轴重合的水平与竖直的两条参考线，如图 4-60 所示，具体方法参照本讲的"实例·操作"部分。

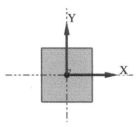

图 4-60　创建参考直线

（3）使用【圆】工具，创建如图 4-61 所示的以原点为圆心的两个同心圆。

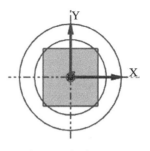

图 4-61　创建同心圆

（4）调用自动判断的尺寸与约束功能，添加如图 4-62 所示的约束。

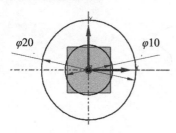

图 4-62　添加约束

（5）使用【直线】工具，创建如图 4-63 所示的 6 条直线。

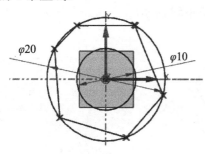

图 4-63　创建直线

（6）再次调用约束功能，按步骤添加如图 4-64 所示的约束。

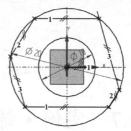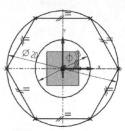

∥分别用平行约束 3 组直线　═用等长约束 6 条直线

图 4-64　添加约束

（7）删除外圆，单击【完成草图】按钮，退回到建模环境，最终效果如图 4-65 所示。

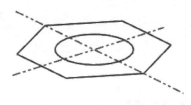

图 4-65　创建完成

第 5 讲　主体特征建模

　　三维实体建模能够建立各种类型的实体模型，是特征建模的重要模块。UG NX 8 通过各种特征，如各种体素以及拉伸、旋转等扫掠特征，一步步实现设计的过程。基于特征的建模思想来源于基础零部件的加工过程，用户可以先利用主体建模工具构建零件的主体，然后通过各种细节特征与成型特征完成零部件的最终设计模型。

 本讲内容

- ↳ 实例·模仿——曲轴
- ↳ 基本体素特征
- ↳ 扫掠特征

- ↳ 成型特征
- ↳ 实例·操作——连接底座
- ↳ 实例·练习——拨叉实体

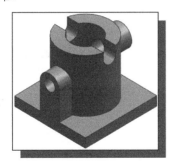

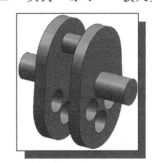

5.1　实例·模仿——曲轴

　　曲轴是典型的曲柄滑块机构，是发动机的主要旋转机件、动力源。与连杆连接后，可将连杆的直线运动转变为旋转运动。曲轴的模型如图 5-1 所示。

图 5-1　曲轴模型

【思路分析】

创建该模型可以先构建两个轴柄实体，然后创建连杆轴颈，最后创建两端的主轴颈。为了便于定位可以将主轴颈的方向控制在某个坐标轴上，其主要创建流程如图 5-2 所示。

图 5-2　曲轴模型创建流程

【光盘文件】

 ——参见附带光盘中的"END\Ch5\5-1.prt"文件。

 ——参见附带光盘中的"AVI\Ch5\5-1.avi"文件。

【操作步骤】

（1）单击【新建】按钮，或者选择菜单栏中的【文件】/【新建】命令，新建模型 5-1.prt，并确定其路径为"D:\modl\"。

（2）采用草图拉伸的方式创建轴柄截面。选择【插入】/【设计特征】/【拉伸】命令或者单击【特征】工具栏中的【拉伸】按钮，弹出【拉伸】对话框，再单击如图 5-3 所示的按钮，创建草图。

通过草图的方式创建拉伸特征所需的截面线串

图 5-3　【拉伸】对话框

（3）在弹出的【创建草图】对话框的【平面方法】下拉列表框中选择"现有平面"选项并确认 YC-ZC 平面为草图平面，其余保持默认设置，进入草图环境，如图 5-4 所示。

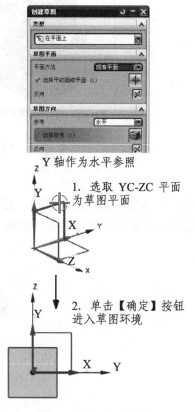

Y 轴作为水平参照

1. 选取 YC-ZC 平面为草图平面

2. 单击【确定】按钮进入草图环境

图 5-4　进入草图环境

（4）在草图环境中创建两条基准线，并且利用各种约束创建如图 5-5 所示的图形。

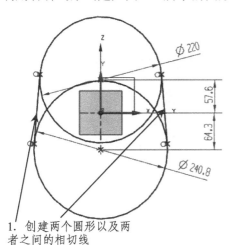

1. 创建两个圆形以及两者之间的相切线

2. 使用【快速修剪】工具将原曲线修剪至图中效果

图 5-5　创建拉伸线串

（5）单击【完成草图】按钮，退出草图环境，回到拉伸操作环境，此时【截面】栏中变为"选择截面（4）"字样，根据如图 5-6 所示设置拉伸距离参数，其余保持默认设置，单击【确定】按钮完成拉伸体的创建。

（6）采用回转特征切掉多余实体的方式创建连杆轴颈。选择【插入】/【设计特征】/【回转】命令，或者单击【特征】工具栏中的【回转】按钮，弹出【回转】对话框。同样采用草图曲线作为回转的截面，绘制如图 5-7 所示的截面。

系统自动判断矢量方向为草图平面法向

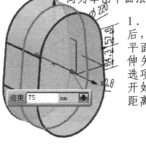

1. 退出草图环境后，系统自动将草图平面的法矢量作为拉伸矢量，在【限制】选项栏中输入拉伸的开始距离-75 与结束距离 75

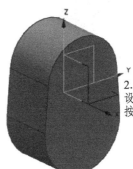

2. 保持其余选项默认设置，单击【确定】按钮完成拉伸创建

图 5-6　创建拉伸实体

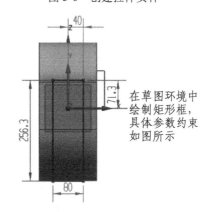

在草图环境中绘制矩形框，具体参数约束如图所示

图 5-7　创建回转截面

（7）单击【完成草图】按钮，退出草图环境回到回转操作环境中，在【回转】对话

框中依次指定回转轴、角度限制与布尔类型，如图 5-8 所示。

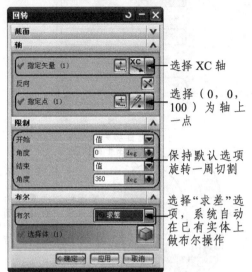

选择 XC 轴

选择（0，0，100）为轴上一点

保持默认选项旋转一周切割

选择"求差"选项，系统自动在已有实体上做布尔操作

创建回转体

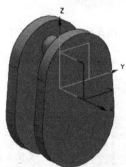

与原实体做布尔操作效果

图 5-8　创建回转特征

（8）在轴柄实体上采用创建孔的方式减轻零件的重量，保持曲轴旋转的稳定性。选择【插入】/【基准/点】/【点】命令，使用【点】工具确定孔的位置。创建坐标值分别

为（75，0，-111）、（75，50，-57.8）和（75，-50，-57.8）的 3 个点，如图 5-9 所示。

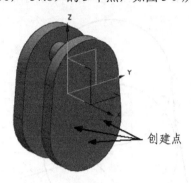

创建点

图 5-9　创建 3 个孔的导入点

（9）选择【插入】/【设计特征】/【孔】命令，或者单击【特征】工具栏中的【孔】按钮，在弹出的【孔】对话框中选择【常规孔】选项，【位置】依次选择步骤（8）中创建出的 3 个点，创建直径为 65.8mm 的孔特征，对话框的设置如图 5-10 所示。

【成行】选择"简单"选项，【直径】为65.8mm，【深度限制】选择"贯通体"选项

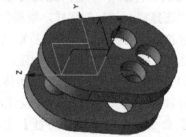

图 5-10　创建孔

（10）使用【圆柱体】工具创建主轴颈。选择【插入】/【设计特征】/【圆柱体】

命令，或者单击【特征】工具栏中的【圆柱体】按钮，在弹出的【圆柱】对话框中选择"轴、直径和高度"类型，通过指定 XC 轴与点（75，0，0）确定圆柱轴线，创建直径为 70mm、高度为 100mm 的圆柱体，如图 5-11 所示。

轴颈。选择【插入】/【关联复制】/【镜像特征】命令，或者单击【镜像特征】工具图标，弹出【镜像特征】对话框，在【相关特征】列表框中选中【圆柱】，【镜像平面】选择 YC-ZC 平面，创建镜像特征，如图 5-12 所示。

在【尺寸】选项栏中，分别输入圆柱的【直径】与【高度】为 70、100；布尔类型为"求和"

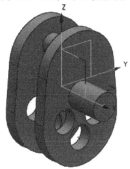

图 5-11　创建主轴颈

选择与 XC 轴垂直的 YC-ZC 平面作为镜像平面

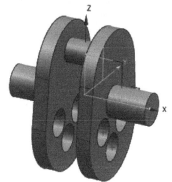

图 5-12　创建镜像主轴颈

（11）通过镜像特征功能构建另一段主

在 UG 环境中创建一个三维实体模型时，往往是从最基本的特征建模开始，完成基本特征之后，通过进一步的细节特征，如倒圆角、键槽、抽壳以及实体的布尔操作等完成一个完整模型的创建。系统中实体有 4 种布尔操作类型，其示意图如图 5-13 所示，分别介绍如下。

◆　实体无（创建）：创建一个独立的实体类型。
◆　实体求和：创建出的实体将与已有实体合并为一个新的实体。
◆　实体求差：创建出的实体（长方体）将从原有实体（圆柱体）中减去。
◆　实体求交：创建出的实体将与原有实体作并操作，新实体是原有实体的公共部分。

| 实体创建 | 实体求和 | 实体求差 | 实体求交 |

图 5-13　实体布尔操作示意

5.2　基本体素特征

体素特征是三维建模中最为基础的实体建模方式之一，用户往往先根据所建模型的特点构建若干体素特征，随着约束的添加以及其他各种特征的结合，逐渐创建成复杂的实体，而且单一体素特征的组合建模也可完成符合要求的三维模型。体素特征包括长方体、圆柱体、圆锥体、球体。

5.2.1　长方体

在 UG 中，很多规则模型的最基本的外形轮廓都是长方体，使用【长方体】工具可以在绘图区构建长方体或者正方体，并用各种方式指定其边长。构建出的长方体的各边分别平行于工作坐标轴。

单击【特征】工具栏中的【长方体】按钮（如果没有该按钮，则用户需用从【定制】命令中的【插入】\【设计特征】类别中将【长方体】命令拖到【特征】工具栏中），弹出【长方体】对话框，如图 5-14（a）所示。该对话框提供了以下 3 种创建长方体的方式。

◆ 原点和边长：指定长方体的原点（一个角点）后，通过输入长方体的长、宽、高，完成创建，如图 5-14（b）所示。

（a）　　　　　　　　　　　　　　　　（b）

图 5-14　"原点和边长"方式创建长方体

◆ 两点和高度：通过指定长方体一个底面的顶点和另外一点（该点在 XOY 平面上的投影点为长方体底面的另一个对角点），以及对应的高度来确定长方体，如图 5-15 所示。

◆ 两个对角点：通过指定长方体的两个对角点创建长方体，如图 5-16 所示。

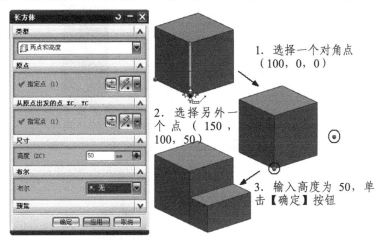

图 5-15 "两点和高度"方式创建长方体

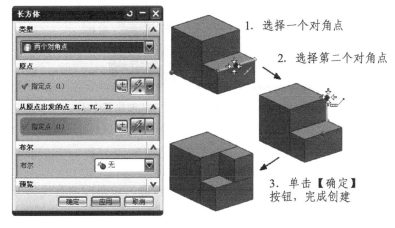

图 5-16 "两个对角点"方式创建长方体

5.2.2 圆柱体

圆柱体是以圆形为底面与顶面并具有一定高度的实体，如机械零件中的各种轴类，都是以圆柱体作为基本实体的。

单击【特征】工具栏中的【圆柱体】按钮 （如果没有该按钮，则需要从【定制】命令中调入），弹出【圆柱】对话框。该对话框提供了以下两种创建圆柱体的方式。

◆ 轴、直径和高度：通过指定圆柱体的矢量方向和底面圆心的位置、设置圆柱体的直径和高度来创建圆柱体，如图 5-17 所示。

◆ 圆弧和高度：通过在绘图区选择一条圆弧，参考该圆弧曲线并结合输入的高度创建圆柱体，如图 5-18 所示。

图 5-17 "轴、直径和高度"方式创建圆柱体

图 5-18 "圆弧和高度"方式创建圆柱体

5.2.3 圆锥体

圆锥体是指以一条直线为中心轴线，以与该直线成一定角度的直线为母线，并绕中心轴旋转一周所形成的实体，如图 5-19 所示。使用【圆锥体】工具，可以创建圆锥体和圆锥台两种三维实体。

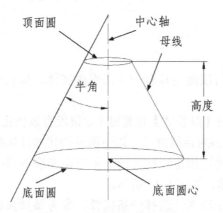

图 5-19 圆锥体各参数示意

视频教学

单击【特征】工具栏中的【圆锥】按钮，弹出【圆锥】对话框，如图 5-20（a）所示。如图 5-20（b）所示。

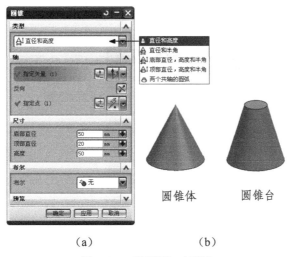

（a）　　　　　　　　　　（b）

图 5-20　【圆锥】对话框

该对话框中共提供了以下 5 种用于构建圆锥体的方式。

◆　直径和高度：通过定义顶部直径、底部直径和圆锥高度来创建圆锥体。

◆　直径和半角：通过定义顶部直径、底部直径和半角值来创建圆锥体。

◆　底部直径，高度和半角：通过定义底部直径、高度和半角值来创建圆锥体。

◆　顶部直径，高度和半角：通过定义顶部直径、高度和半角值来创建圆锥体。

◆　两个共轴的圆弧：通过选择两条圆弧来创建圆锥体。

其中前 4 种构建方式大致相同，首先确定圆锥的底面中心和中心轴线矢量，然后输入各种方式下不同的参数完成创建，如图 5-21 所示。最后一种（两个共轴的圆弧）创建方式需要选择两条所在平面平行的圆弧，系统会将其中一个圆弧作为底面圆的轮廓，以其所在平面的法向量作为圆锥的中心轴线方向创建圆锥，如图 5-22 所示，两圆弧均在与 ZC 轴垂直的平面内，最终创建的圆锥轴线与 ZC 轴平行，两圆弧半径分别为底面与顶面圆形的半径。

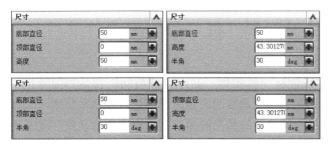

图 5-21　4 种【尺寸】选项栏中的参数设置示意图

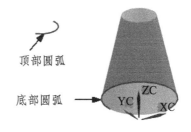

图 5-22　两个共轴圆弧创建圆锥

5.2.4　圆球体

球是三维空间中到一个点的距离相等的所有点的集合，如滚珠轴承的滚珠、门把手等。系

视频教学

统共提供了两种创建圆球的方式：中心点直径与圆弧。

单击【特征】工具栏中的【球】按钮◎，弹出【球】对话框，如图 5-23 所示，默认创建类型为"中心点和直径"方式，在该方式下依次选取中心点，输入直径值后，即可完成球体的创建。

图 5-23 【球】对话框

在"圆弧"方式下，用户只需在绘图区选取一段圆弧，系统会自动生成一个球体，如图 5-24 所示。

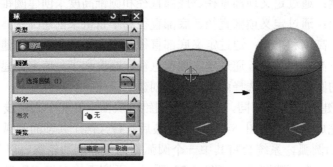

图 5-24 "圆弧"方式创建球

5.3 扫 掠 特 征

扫掠特征常常与草图结合，使用二维图形创建三维实体，其中拉伸与回转都是扫掠特征中的特例。拉伸特征的扫掠轨迹是与截面线串所在平面成角度的矢量，而回转特征则是绕着一个轴线进行扫掠。扫掠特征中的两大重要对象就是扫掠轨迹与截面线串，截面沿着扫掠轨迹运动从而生成三维实体，三维实体的剖面与截面线串相同，当修改截面线串时，三维实体会相应更新。

5.3.1 拉伸

拉伸特征是将截面轮廓曲线沿截面所在某矢量进行运动而形成的实体，拉伸对象就是该截面轮廓曲线，可以是实体的表面、边、曲线、片体表面或者草图对象。

选择【插入】/【设计特征】/【拉伸】命令，或者单击【特征】工具栏中的【拉伸】按钮
，弹出【拉伸】对话框，如图 5-25 所示。

图 5-25　【拉伸】对话框

截面类型分为【草图】和【曲线】，默认为后者。用户可以选择绘图区已有曲线对象进行拉
伸，直接输入拉伸参数即可完成创建。若选择【草图】选项，将会进入草图环境，根据需要完
成草图之后切换回拉伸操作，继续进行拉伸操作，使用该方式创建的草图属于拉伸特征的一部
分，在【部件导航器】的建模历史树中将被隐藏。

在【拉伸】对话框的【限制】选项栏中，在【开始】或者【结束】下拉列表框中提供了 6
种拉伸的限制方式，如图 5-26 所示。

◆　值：拉伸将从轮廓截面开始计算，沿箭头指定方向拉伸指定的距离，拉伸方向为正方向。

◆　对称值：起始和终止拉伸距离相同，也即拉伸对象分别向截面两边拉伸同样的距离。

◆　直至下一个：系统自动判断拉伸方向上的某个面或者体作为拉伸终点。

◆　直至选定对象：用户选择一个在拉伸方向上的面或者体作为拉伸终点。

◆　直至被延伸：当拉伸生成对象为实体时，用户所选择的拉伸终点，如面等对象的边界
可以超出截面线串的范围。

◆　贯通：拉伸将通过拉伸方向上的所有对象。

拉伸特征同样提供拔模功能，对话框中的【拔模】选项栏在创建拉伸特征时被激活，拉伸
的拔模示意图如图 5-27 所示，其含义分别如下。

◆　无：不建立任何拔模功能。

◆　从起始限制：以开始截面作为拔模的固定平面参考，向一个方向拔模。

◆　从截面：以截面曲线所在平面作为固定平面参考，向正、反两个方向拉伸拔模，剖面
尺寸保持不变。

◆　从截面-不对称角：从截面向正、反两个方向分别拔模不同的角度。

◆　从截面-对称角：从截面向正、反两个方向拔模相同的角度。

◆　从截面匹配的终止处：从截面向正、反两个方向拔模，所得实体端面相匹配，正向拔
模角度用户自定义，反向拔模角度系统根据断面大小设定，最终两端面相同。

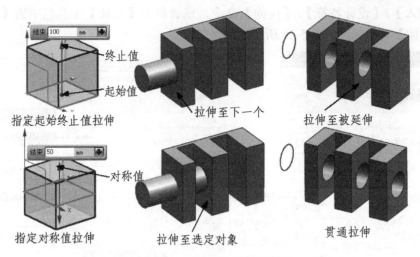

图 5-26 【限制】设置示意图

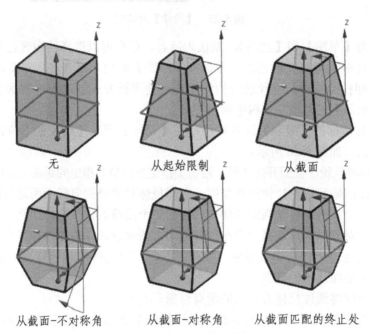

图 5-27 【拔模】设置示意图

【拉伸】对话框中的【偏置】选项栏用于设定截面曲线的偏置厚度,其方式有无、单侧、两侧和对称 4 种,其示意图如图 5-28 所示,各选项的含义如下。

◆ 无:不设置任何偏置。

◆ 单侧:规定向截面拉伸生成的实体外侧为增厚,终点为正值,向内为负。

◆ 两侧:从一个只拉伸截面得到的片体向内与向外一起偏置,偏置值不同。

◆ 对称:从一个只拉伸截面得到的片体向内与向外一起偏置,偏置值相同。

此外,【拉伸】对话框的【设置】选项栏中还设置了三维建模的【体类型】,分为实体和片体两种。对于封闭的截面线串,系统默认生成的是实体,用户可以在【体类型】下拉列表框中选择【片体】选项来满足需求,如图 5-29 所示。

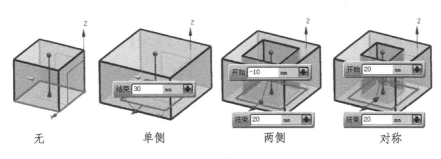

图 5-28 【偏置】设置示意图

图 5-29 【设置】选项卡与两种【体类型】设置示意图

5.3.2 回转

回转操作是将草图等二维曲线沿着指定的中心轴线旋转一定角度形成实体，一般用于创建非一般的截面轴对称实体，如各种不规则型孔、轴以及端盖等。

选择【插入】/【设计特征】/【回转】命令，或者单击【特征】工具栏中的【回转】按钮，弹出【回转】对话框，如图 5-30（a）所示，与拉伸相似，回转对象同样可以为草图或者系统中现有曲线。

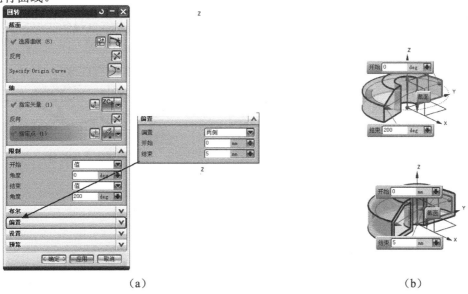

（a） （b）

图 5-30 【回转】对话框

回转特征中的【偏置】选项只有两项：无和两侧，具体效果如图 5-30（b）所示。建立回转特征时，【指定矢量】和【指定点】共同确定回转轴线。【限制】选项卡用于设置其旋转角度。

5.3.3 沿引导线的扫掠

扫掠是草图或者已有曲线沿着指定的轨迹进行运动所形成的实体，其引导线可以是直线、圆弧、样条等曲线。拉伸与回转都可以当做扫掠特征的特例，拉伸的引导线是不平行于拉伸对象所在平面的一个指定矢量，而回转的引导线是以回转轴为轴线的圆周。UG 为用户提供了多种扫掠的方式，这里只介绍最常用的两种。

单击【特征】工具栏中的【沿引导线扫掠】按钮（如果没有该命令，用户需要利用【定制】命令从【插入】\【扫掠】类别中调入），弹出【沿引导线扫掠】对话框，如图 5-31 所示。

图 5-31 【沿引导线扫掠】对话框

用户可选择扫掠曲线对象与引导线，并可设置合适的偏置值，系统将自动生成扫掠特征实体，如图 5-32 所示。

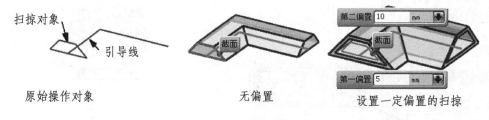

图 5-32 沿引导线扫掠示意

5.3.4 管道特征

管道同样是扫掠的特殊情况，其截面为圆形，通过扫掠操作可生成实心或者空心的管状实体。创建管道特征时需要输入管道的内径与外径，当内径为 0 时，即生成实心的管子。

选择菜单栏中的【插入】/【扫掠】/【管道】命令，弹出【管道】对话框，如图 5-33 所示。

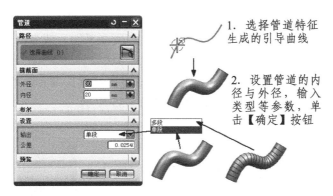

图 5-33　管道特征的创建及操作示意

5.4　成型特征

　　成型特征是具有一定工程应用价值的特征，如各种孔、凸台、型腔等，专门为工程设计准备，构建效率较高。但是一般要依附于基础实体，无法单独生成。成型特征的定位与草图的定位类似分为 9 种，具体参考第 4 讲 4.3.1 节"定位"内容部分。

5.4.1　孔

　　孔是对原实体做切除操作后留下的中空轴对称结构，在现代机械设计中占有很大的比重，各种定位孔、安装孔的构建等都需要使用【孔】工具。选择【插入】/【设计特征】/【孔】命令，或者单击【特征】工具栏中的【孔】按钮，弹出如图 5-34 所示的【孔】对话框，一般选择布尔"求差"类型。

图 5-34　【孔】对话框

系统共提供了 5 种类型孔的创建方式，如图 5-34 所示，这里只介绍最常用的【常规孔】选项。孔中心位置可以选择在草图环境中绘制点或者已有点两种方式。【方向】栏中限制孔的轴线方向，可以选择"垂直于面"（草图平面或者是指定点所在平面）或者"沿矢量"。在【形状和尺寸】选项栏中，系统为用户提供了如下 4 种孔的成型类型。

◆ 简单：首先指定孔表面的中心点与孔的生成方向，然后设置孔的各种参数即可创建简单孔，其中顶锥角在 0～180deg 之间，如图 5-35 所示。

 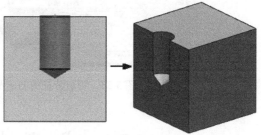

图 5-35　"简单孔"参数设置示意图

◆ 沉头：带有该孔的零件紧固件配合时，紧固件的头部将完全沉入阶梯孔中。其中，孔的直径值不能比沉头孔的直径大，沉头孔同样不能深于孔的深度，如图 5-36 所示。

 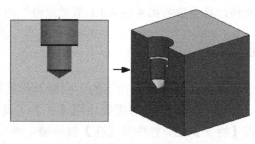

图 5-36　"沉头孔"参数设置示意图

◆ 埋头：可以生成紧固件头部不完全沉入的阶梯孔，如图 5-37 所示，埋头孔的角度为 0～180deg，顶锥角同样在 0～180deg 之间。

 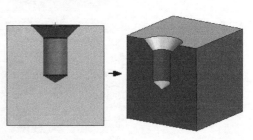

图 5-37　"埋头孔"参数设置示意图

◆ 锥形：该类型与"简单孔"相似，不同之处在于可以对孔的内表面进行拔模。具体参数设置以及生成锥形孔示意如图 5-38 所示。

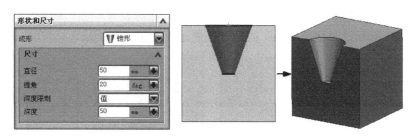

图 5-38 "锥形孔"参数设置示意图

5.4.2 凸台

凸台是在指定端面上构建一个突出的圆台体。该特征与孔相似，可以理解为孔生成的反方向，并与原有实体作布尔"求和"操作。选择菜单栏中的【插入】/【设计特征】/【凸台】命令，或者单击【特征】工具栏中的【凸台】按钮，弹出如图 5-39 所示的【凸台】对话框。

图 5-39 【凸台】对话框及操作示意

如果选择了基准平面作为放置平面，则可以选择【反侧】选项，用于将凸台的矢量方向设置为当前的反方向。

5.4.3 腔体

【腔体】工具不仅可以从已有实体中移除圆柱、矩形等形状实体，还可以沿矢量对片体进行修改。单击【特征】工具栏中的【腔体】按钮（如果没有该按钮，需要从【定制】命令中的【插入】/【设计特征】中调入），将弹出如图 5-40 所示的【腔体】对话框。

图 5-40 【腔体】对话框

该对话框提供了 3 种用于创建腔体的方式：柱坐标系、矩形与常规。分别介绍如下。

◆ 柱坐标系：帮助用户定义一个圆柱形的腔体，并可设置底面边的圆角半径与拔模角，如图 5-41 所示。"柱坐标系"腔体的创建过程如图 5-42 所示。

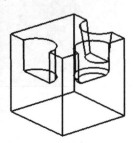

直径 50，深度 40 　　　底部面半径 10 　　　拔锥角 10
（单位：mm）　　　　（单位：mm）　　　（单位：degree）

图 5-41　各种"柱坐标系"腔体

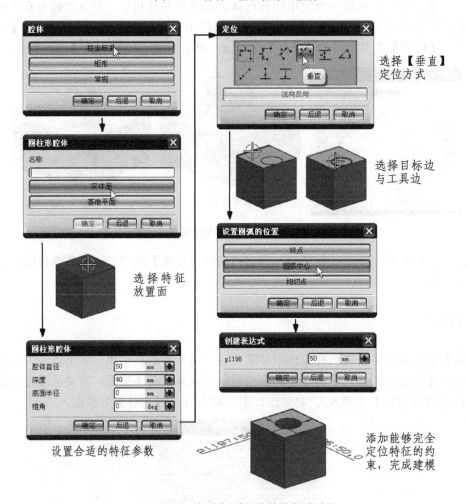

图 5-42　"柱坐标系"腔体的创建过程

◆ 矩形：用于构造腔体截面为矩形的特征，除了可以设置腔体底面的半径外，还可以设置腔体侧面与内侧面间的圆角半径，如图 5-43 所示。

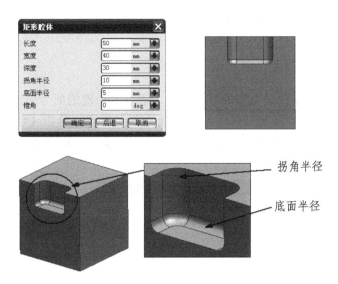

图 5-43　"矩形"腔体

◆ 常规：用于创建任意形状的腔体，依次选择放置面与轮廓曲线，并设置拔模角度与顶面距放置面的距离，即可创建常规腔体。

5.4.4　垫块

垫块用于在实体表面创建矩形与常规两种类型的实体特征，与凸台类似，但是凸台的局限在于只能创建圆柱或者圆台形的实体特征，而垫块可以根据任意形状的曲线创建实体。单击【特征】工具栏中的【垫块】按钮 ██（若没有该按钮，需要通过【定制】命令中的【插入】/【设计特征】调入），弹出如图 5-44 所示的【垫块】对话框。

图 5-44　【垫块】对话框

该对话框中各选项的含义如下。

◆ 矩形：与矩形腔体相似，不同之处在于无法设置底面半径，如图 5-45 所示。

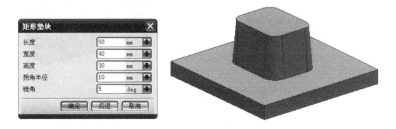

图 5-45　"矩形垫块"各参数设置即腔体

◆ 常规：用于创建任意形状的垫块，且垫块可以放置在任意表面上。

5.4.5 键槽

键槽是轴类或者孔类零件最重要的特征之一。通过各种键的配合使轴与轮毂紧密配合，正是由于键的种类多种多样，系统提供了各种键槽的创建方式。单击【特征】工具栏中的【键槽】按钮（若没有该按钮，需要通过【定制】命令中的【插入】/【设计特征】中调入），弹出如图 5-46 所示的【键槽】对话框。

图 5-46 【键槽】对话框

选中【通槽】复选框，构建的键槽将贯穿整个实体。键槽一般在先前创建的一个基准面上创建，系统共提供了以下 5 种键槽的创建方式。

◆ 矩形：用于创建可以放置普通平键的键槽。中间为矩形，两端为圆柱体，选取键槽放置的平面以及水平参考面后，弹出【矩形键槽】对话框，用于设置各种参数，如图 5-47 所示。

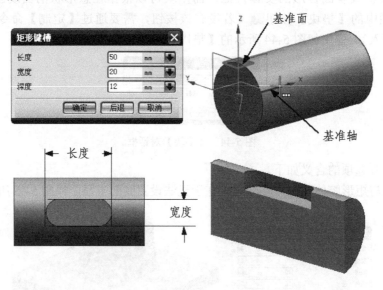

图 5-47 "矩形键槽"示意

◆ 球形端槽：与矩形键槽创建的过程类似，但是矩形键槽的底面是平面，而球形端槽的底面是球形的，如图 5-48 所示。
◆ U 形槽：用于创建截面为 U 形的键槽，具有圆形拐角与底面半径。创建方式与前面的相同，如图 5-49 所示。

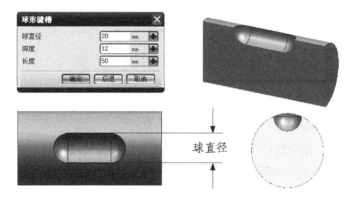

图 5-48　"球形键槽"示意

图 5-49　"U 形槽"示意

◆　T 型键槽：用于创建截面为 T 型的键槽，如图 5-50 所示。

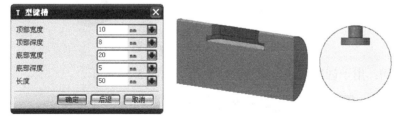

图 5-50　"T 型键槽"示意

◆　燕尾槽：用于创建截面为梯形的键槽，如图 5-51 所示。

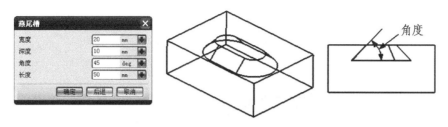

图 5-51　"燕尾槽"示意

5.4.6　槽

槽特征用于在圆柱或锥体的内表面或者外表面增加槽。单击【特征】工具栏中的【槽】按

视频教学

钮，弹出如图 5-52 所示的【槽】对话框。

图 5-52　【槽】对话框

该对话框提供了 3 种创建槽的方式：矩形、球形端槽与 U 形槽。

◆　矩形：将在实体上移去横截面为矩形的环形槽。选取放置面，并设置合适的参数，最终通过定位创建矩形槽特征，如图 5-53 所示。

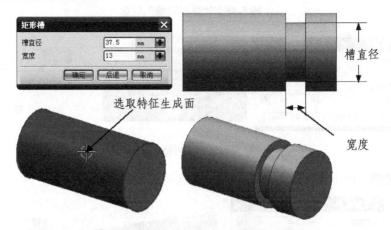

图 5-53　"矩形槽"示意图

◆　球形端槽：用于创建截面为球形的环形槽，如图 5-54 所示。

图 5-54　"球形端槽"示意

◆　U 形槽：用于创建截面为 U 形的环形槽，如图 5-55 所示。

图 5-55　"U 形槽"示意

5.4.7　筋特征

筋特征用于创建在设计过程中为加强结构而在薄壁等零件上添加的加强筋、肋板等，其创建原理是在两个面内添加三角形实体。选择菜单栏中的【插入】/【设计特征】/【三角形加强筋】命令，弹出【三角形加强筋】对话框，其基本操作流程如图 5-56 所示。

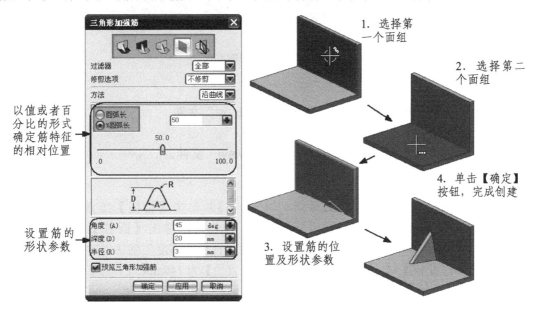

图 5-56　【三角形加强筋】创建流程

5.5　实例・操作——连接底座

该连接底座是机械设计中常常出现的类型，其模型如图 5-57 所示。

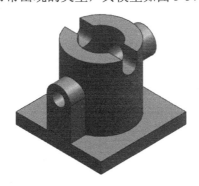

图 5-57　连接底座

【思路分析】

该零件的主要结构为一个长方体与一个圆柱体，先利用体素建模构建其主要框架，然后添加周边的成型特征，最后挖空内部、创建顶部缺口，其创建流程如图 5-58 所示。

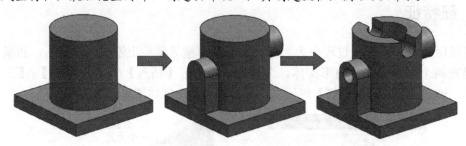

图 5-58　构建连接底座的流程

【光盘文件】

结果文件——参见附带光盘中的 "END\Ch5\5-5.prt" 文件。

动画演示——参见附带光盘中的 "AVI\Ch5\5-5.avi" 文件。

【操作步骤】

（1）单击【新建】按钮，或者选择菜单栏中的【文件】/【新建】命令，新建模型 5-5.prt 并确定其路径为 "D:\modl\"。

（2）使用【长方体】工具，单击【特征】工具栏中的【长方体】按钮，在弹出的【长方体】对话框中选择类型为"两点和高度"，构建底面的两个对角点分别为（-100，-100，0）和（100，100，0），高度为 25mm 的长方体，如图 5-59 所示。

对角点（-100，-100，0）、（100，100，0），高度为 25mm

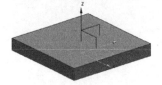

图 5-59　创建长方体底座

（3）单击【特征】工具栏中的【圆柱体】按钮，弹出【圆柱】对话框。保持"轴、直径和高度"默认创建类型，在原点创建【直径】为 140mm、【高度】为 170mm、【布尔】为"求和"的圆柱体，如图 5-60 所示。

直径为 140mm、高度为 25mm，圆柱轴线为默认的 ZC 轴

图 5-60　创建圆柱体

（4）单击【特征】工具栏中的【垫块】按钮，弹出【垫块】对话框。选择长方体的上表面作为放置面，根据如图 5-61 所示的操作流程创建垫块特征。

1. 选择【矩形】垫块类型

2. 选择垫块放置面　　3. 选择侧面作为水平参考

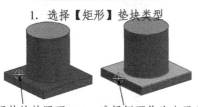

4. 输入矩形垫块的【长度】、【宽度】、【高度】，分别为 55、100、75

5. 选择【垂直】定位方式

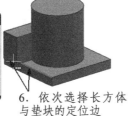

6. 依次选择长方体与垫块的定位边

7. 输入距离为 0

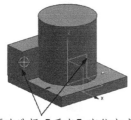

8. 再次选择【垂直】定位方式，并选择 YC-ZC 平面与垫块的竖边作为定位参考

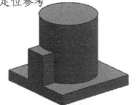

9. 输入距离 27.5，单击【确定】按钮，完成垫块的创建

图 5-61　创建垫块

（5）再次使用【圆柱体】工具，选择垫块上边的中点与 YC 轴创建圆柱体，圆柱体直径为 55、高为 100，如图 5-62 所示。

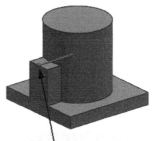

通过指定中点与 YC 轴确定圆柱体的轴线

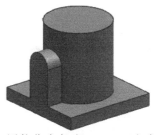

圆柱体直径为 55mm、高度为 100mm，布尔操作为"求和"

图 5-62　创建圆柱体

（6）单击【特征】工具栏中的【凸台】按钮，弹出【凸台】对话框。选择 XC-ZC 平面为放置平面，输入凸台【直径】为 60mm、高度 100mm，并确认凸台方向为 Y 轴正方向，如图 5-63 所示。

（7）使用【孔】工具，单击【特征】工具栏中的【孔】按钮，在弹出的【孔】对话框中选择【类型】为"常规孔"，指定圆柱的顶面圆心作为孔的放置点，选择【深度限制】为"贯通体"，设置【直径】为 80mm 的孔，如图 5-64 所示。

（8）再次使用【孔】工具，创建两边的侧孔，分别选取两边两段圆弧的中心作为【指定点】，创建【直径】分别为 30mm 与 37mm、【深度】均为 100mm 的两个孔，如图 5-65 所示。

凸台【直径】为 60、【高度】
为 100，放置面为 XC-ZC 平面

添加【垂直】定
位方式，凸台圆
心与 XC-YC 平
面距离为 120

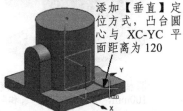

添加【垂直】定
位方式，凸台圆
心与 YC-ZC 平面
距离为 0

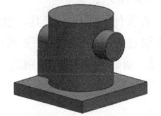

图 5-63　创建凸台

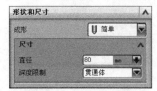

【形状和尺寸】设置

指定孔轴线上的一点

图 5-64　创建孔

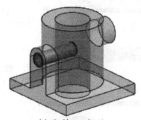

创建第一个孔

创建第二个孔

图 5-65　创建孔

（9）使用【拉伸】工具创建顶端缺口。选择【插入】/【设计特征】/【拉伸】命令或者单击【特征】工具栏中的【拉伸】按钮▥，弹出【拉伸】对话框，创建如图 5-66 所示的草图。

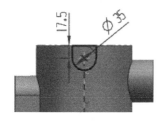

图 5-66　创建草图

（10）单击【完成草图】按钮，回到拉伸操作，【限制】选项栏中【开始】与【结束】下拉列表框均选择"贯通"选项，并选择"求差"布尔操作类型，单击【确定】按钮完成创建。最终效果如图 5-67 所示。

图 5-67　创建完成

5.6　实例·练习——拨叉实体

本讲将创建一个拨叉实体的模型，其具体形状如图 5-68 所示。

图 5-68　拨叉实体

【思路分析】

该模型的主要由几个长方体与圆柱体作布尔操作而成的实体，因此可以考虑使用最基本的体素建模工具进行该模型的创建。先使用【长方体】工具构建主要的结构，然后使用【圆柱体】工具在已构建的框架上创建孔，在创建的过程中不断地变换坐标系来改变新实体的创建位置。

【光盘文件】

结果文件——参见附带光盘中的"END\Ch5\5-6.prt"文件。

动画演示——参见附带光盘中的"AVI\Ch5\5-6.avi"文件。

【操作步骤】

（1）单击【新建】按钮▯，或者选择菜单栏中的【文件】/【新建】命令，新建模型

5-6.prt 并确定其路径为"D:\modl\"。

（2）进入建模环境后，单击【特征】工

具栏中的【长方体】按钮，弹出【长方体】对话框。选择【类型】为"原点和边长"，输入【长度】、【高度】、【宽度】分别为50mm、25mm、30mm。单击【确定】按钮，创建如图 5-69 所示的长方体。

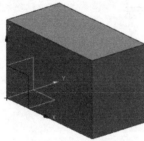

图 5-69　创建长方体

（3）选择【格式】/【WCS】/【原点】命令，移动工作坐标系的原点，在弹出的【点】对话框中指定（5，0，0）为新坐标系原点，如图 5-70 所示。

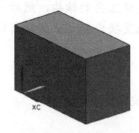

图 5-70　移动工作坐标系

（4）再次构建长方体，同样使用"原点和边长"创建方式，按照如图 5-71 所示的【尺寸】对话框的参数，对其进行设置，创

建一个布尔类型为"求差"的长方体。

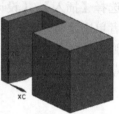

图 5-71　创建第二个长方体

（5）再次移动工作坐标系 WCS，将原点移动到（22.5，0，5），如图 5-72 所示。

图 5-72　移动坐标系

（6）创建第三个用于和原始模型作布尔减操作的长方体。使用"原点和边长"创建方式，具体参数设置及操作效果如图 5-73 所示。

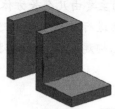

图 5-73　创建第三个长方体

（7）将工作坐标系移至（12.5，12.5，0），使用【圆柱体】工具，单击【特征】工具栏中的【圆柱体】按钮，在弹出的【圆柱】对话框的【类型】下拉列表框中选择

"轴、直径和高度"选项，创建圆柱体，矢量方向为"-ZC 轴"，设置【直径】为 15mm，【高度】为 12mm，与已有实体作布尔减操作，如图 5-74 所示。

再次创建圆柱，矢量方向为"-XC 轴"，【直径】为 15mm，【高度】为 30mm，并作布尔减操作，得到最终模型，如图 5-75 所示。

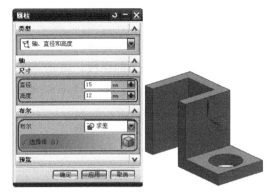

图 5-74　创建圆柱

图 5-75　设计完成

（8）将工作坐标移至（-12.5，0，15），

第 6 讲　特征操作与编辑

　　特征操作是在主体特征建模的基础上增加一些细节的表现，而特征编辑是针对已有特征的各约束进行修改和调整的手段。两者都是实体建模与产品设计中不可缺少的手段。本讲将先介绍一些细节特征，如倒圆、倒斜角等，然后介绍一些用于特征复制的工具，最后详细介绍特征的编辑功能。

本讲内容

- ➥ 实例·模仿——泵盖
- ➥ 细节特征
- ➥ 特征复制

- ➥ 特征编辑
- ➥ 实例·操作——烟灰缸
- ➥ 实例·练习——杯子

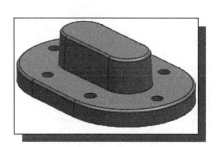

6.1　实例·模仿——泵盖

　　泵盖模型如图 6-1 所示，工业中使用的泵盖通常还会加工出卸荷槽等结构，此处只构建泵盖的基础模型。

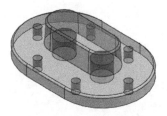

图 6-1　泵盖模型

【思路分析】

　　该模型可以先构建底面上的曲线，在此基础上不断构建、完善其余部分。在构建曲线时，以方便定位的曲线作为先创建的对象，其主要构建流程如图 6-2 所示。

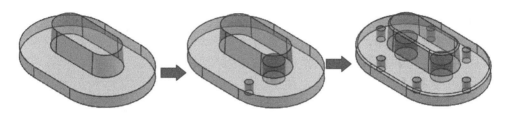

图 6-2　创建泵盖模型的流程

【光盘文件】

结果文件——参见附带光盘中的"END\Ch6\6-1.prt"文件。

动画演示——参见附带光盘中的"AVI\Ch6\6-1.avi"文件。

【操作步骤】

（1）单击【新建】按钮□，或者选择菜单栏中的【文件】/【新建】命令，新建模型 6-1.prt 并确定其路径为"D:\modl\"。

（2）选择【插入】/【设计特征】/【拉伸】命令，或者单击【特征】工具栏中的【拉伸】按钮⬛，弹出【拉伸】对话框，以 XC-YC 作为草图平面创建如图 6-3 所示的草图。

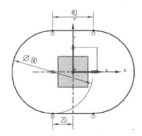

图 6-3　创建草图

（3）退出草图环境，确认拉伸方向为 Z 轴正向，起始值为 0，终止值为 10，创建如图 6-4 所示的拉伸特征。

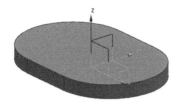

图 6-4　创建拉伸特征

（4）使用【拉伸】工具，选取步骤（3）中创建的特征上表面边界作为截面线

串，通过设置【偏置】与【拔模】和【角度】来创建端盖上部结构，拉伸开始值为 0mm，结束值为 20mm，具体设置与效果如图 6-5 所示。

选择"从起始限制"拔模，"单侧"偏置选项

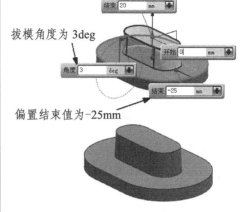

图 6-5　再次创建拉伸特征

（5）调用【孔】工具，选择【插入】/【设计特征】/【孔】命令，或者单击【特征】工具栏中的【孔】按钮，在弹出的【孔】对话框中选择【常规孔】类型，使用【草图】工具构建孔的定位点，按照如图 6-6 所示的操作流程创建孔。

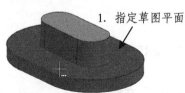

1. 指定草图平面

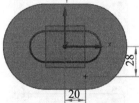

2. 创建孔参考点（20，-28，0）

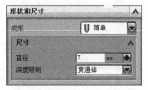

3. 【形状和尺寸】选项设置

图 6-6　创建孔

（6）再次使用【孔】工具，选择底面作为孔的放置面，在草图环境中创建点（20，0，0），其余选项设置如图 6-7 所示，单击【确定】按钮创建该孔。

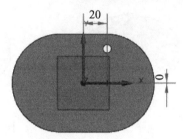

1. 在底面创建点（20，0，0）作为孔的参考点

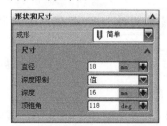

2. 【形状和尺寸】选项设置

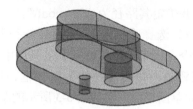

图 6-7　创建底面孔

（7）选择【插入】/【关联复制】/【对特征形成图样】命令，或者单击【特征】工具图标，在弹出的【对特征形成图样】对话框中，选择步骤（5）中创建的孔作为要引用的孔，接着在【布局】下拉框中选择"圆形"阵列样式，通过指定步骤（6）中建立的底面孔中心为一点及 Z 轴确定旋转轴，设置阵列数量和节距如图 6-8 所示，创建圆形阵列。

（8）由于 UG 无法将阵列、镜像等功能生成的特征进行第二次阵列，因此这里需要重新建立一个特征孔，然后再进行阵列。接下来按照步骤（6）的方法，再建立一个孔，如图 6-9 所示。

（9）按照步骤（7）的方法，选择【插入】/【关联复制】/【对特征形成图样】命令，以步骤（8）中建立的孔进行圆弧阵列，结果如图 6-10 所示。

选择"ZC 轴"确定阵列方向

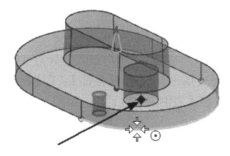

选择底面圆弧中心作为阵列中心

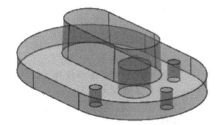

图 6-8　创建圆形阵列

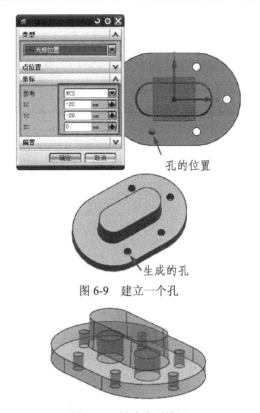

孔的位置

生成的孔

图 6-9　建立一个孔

图 6-10　创建阵列特征

（10）选择【插入】/【细节特征】/【边倒圆】命令，或者单击【特征】工具栏中的【边倒圆】按钮，在弹出的【边倒圆】对话框中输入倒圆半径值为 1.5，并选择如图 6-11 所示的两条边，其余选项保持默认设置，单击【确定】按钮，完成模型的创建。

图 6-11　创建倒圆角

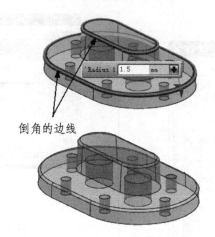

倒角的边线

图 6-11　创建倒圆角（续）

6.2　细节特征

在建模操作过程中，当创建完基本特征之后，需要利用系统提供的各种细节特征功能来对零件进行精加工，常用的细节特征操作有倒圆、倒斜角、拔模、抽壳、螺纹等。

6.2.1　倒圆

倒圆在工程设计中用于防止应力集中，方便安装。根据用户需求，该特征可以在面与面之间锐边形成圆角，很多复杂实体的结构都可以利用倒圆操作来创建。系统共提供了 3 种倒圆的方式：边倒圆、面倒圆、软倒角，下面将具体介绍前两种倒圆的特点与创建方式。

1．边倒圆

边倒圆是系统根据用户指定的边与半径值进行倒圆操作，以产生平滑过渡。针对实体边缘的倒圆，可分为恒定半径与变半径两种倒圆方式。选择【插入】/【细节特征】/【边倒圆】命令，或者单击【特征】工具栏中的【边倒圆】按钮，弹出【边倒圆】对话框，如图 6-12 所示。

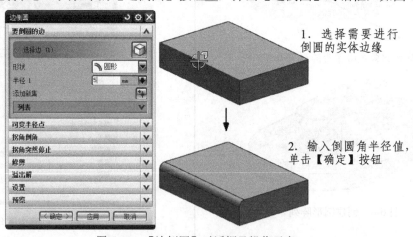

1．选择需要进行倒圆的实体边缘

2．输入倒圆角半径值，单击【确定】按钮

图 6-12　【边倒圆】对话框及操作示意

视频教学

"边倒圆"方式是最简单的恒定半径值倒圆角的方式,系统还提供了针对多条边缘、多半径值控制的倒圆角方式,如图 6-13 所示。

"可变半径点"倒圆方式通过向边倒圆添加半径值唯一的点来创建可变半径圆角。可变半径点关联,当在更新期间部件发生的更改影响到该点的变动时,可变的半径位置将同时移动。当删除该点时,已创建圆角仍存在但非关联。可变半径圆角创建方式如图 6-14 所示。

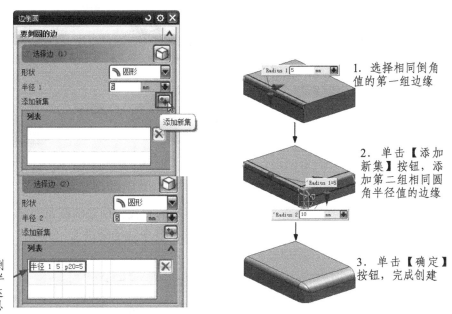

图 6-13　多半径创建边倒圆

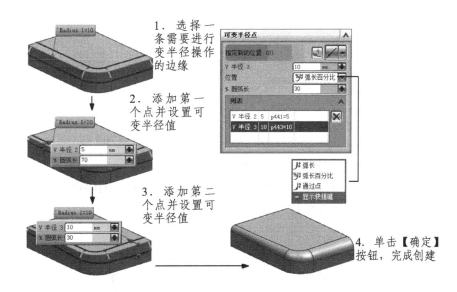

图 6-14　"可变半径点"创建边倒圆

在使用"可变半径点"方式创建圆角的过程中,系统提供了 3 种用于确定可变半径边缘点的方式:圆弧长、弧长百分比与通过点。分别通过圆弧长的指定值、总弧长的百分比、选择或者指定边缘上的点来指定可变半径点。

"拐角回切"方式通过向拐角增加缩进点并调节其与拐角顶点的距离来创建边倒圆特征。该选项主要用于在相邻的 3 个面的 3 条棱边顶点处创建圆角，并且可以使用该功能创建圆头圆角等，如图 6-15 所示。

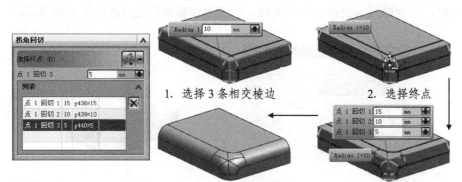

图 6-15　"拐角回切"创建边倒圆

【拐角突然停止】选项栏通过指定点或者距离的方式将创建的圆角在某条边的末端截断，选取 3 条边之后使用【点工具】选择顶点，并设置各条边的缩进值，选项内容及创建示意图如图 6-16 所示。

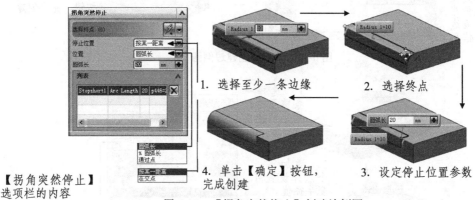

图 6-16　【拐角突然停止】创建边倒圆

其中，【停止位置】下拉列表框中共有以下两个选项。

◆ 按某一距离：可以利用终止位置的 3 种方式终结圆角的创建。

◆ 在交点：边倒圆将在若干圆角相交处的交点终结。

2. 面倒圆

面倒圆特征用于在选取的实体或者片体表面间创建相切于选取表面的倒圆特征，而边倒圆功能只能在实体的边缘创建倒圆。选择【插入】/【细节特征】/【面倒圆】命令，或者单击【特征】工具栏中的【面倒圆】按钮，弹出【面倒圆】对话框，其中针对面倒圆的操作类型共有两种：两个定义面链与三个定义面链。

（1）两个定义面链

该选项创建出的圆角分为滚球与扫掠截面两种形式，其中前者类似于一个球状物体与两个面持续接触并在其中滚动，其具体创建方式如图 6-17 所示。

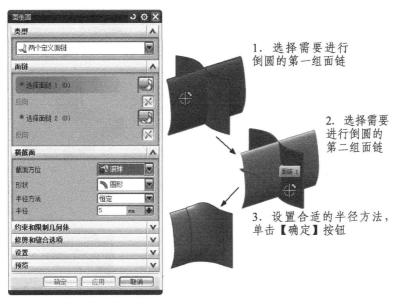

1. 选择需要进行倒圆的第一组面链

2. 选择需要进行倒圆的第二组面链

3. 设置合适的半径方法，单击【确定】按钮

图 6-17 【面倒圆】对话框及操作示意

除了"圆形"面倒圆形状之外，【横截面】选项栏中的【形状】下拉列表框中还包括了"对称二次曲线"和"不对称二次曲线"两种形状构造面倒圆的方式。"不对称二次曲线"构造倒圆的效果如图 6-18 所示。

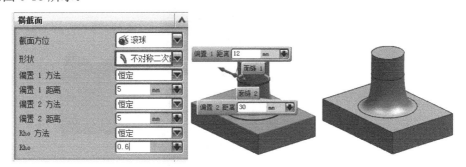

图 6-18 【横截面】选项栏及"不对称二次曲线"面倒圆示意

在【约束和限制几何体】选项栏中，用户可以利用已有边缘或者曲线限制圆角后的实体。如图 6-19 所示，当选择相应的重合边或者相切线之后，圆角将在终结处与用户所选对象重合。

"扫掠截面"形式的面倒圆是利用设置的圆角样式和脊线构成扫描截面，与指定的两个面集相切进行倒圆角操作。脊线是曲面指定同向断面线的特殊点集形成的线，所有的扫掠截面均需要脊线，如果指定规律控制的半径，那么相同的脊线用于定义不同的参数，如图 6-20 所示。

（2）三个定义面链

该方式通过利用相切的第三个面链进行倒圆面的控制，其倒圆截面控制方式同样也有"滚球"与"扫掠截面"两种，默认为前者，由于辅助面的存在简化了两种截面控制方式的设置。

一般三个定义面链生成倒圆面的方式如图 6-21 所示。

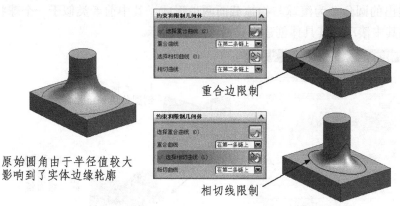

重合边限制

原始圆角由于半径值较大
影响到了实体边缘轮廓

相切线限制

图 6-19　"约束和限制几何体"示意图

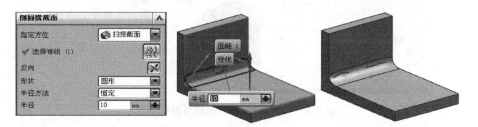

图 6-20　【倒圆横截面】选项栏及"扫掠截面"创建面倒圆

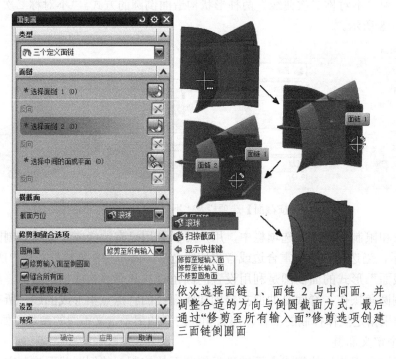

依次选择面链 1、面链 2 与中间面，并
调整合适的方向与倒圆截面方式。最后
通过"修剪至所有输入面"修剪选项创建
三面链倒圆面

图 6-21　"三个定义面链"创建面倒圆

通过 3 个面生成倒圆面可以根据输入面链的几何性质控制倒圆面的边界。【修剪和缝合选项】选项栏中的圆角面的修剪方式共有 4 种，其中的 3 种方式的修剪效果如图 6-22 所示。选中【修剪输入面至倒圆面】复选框，输入面将被所生成的倒圆面修剪。【缝合所有面】复选框用于控制是否缝合所有操作面。

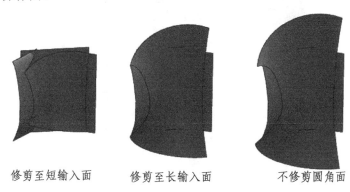

修剪至短输入面　　　　　修剪至长输入面　　　　　不修剪圆角面

图 6-22　面倒圆的修剪方式

6.2.2　倒斜角

倒斜角特征用于在实体边缘或者两组选定的面之间进行倒斜角操作，并且可以对面进行修剪，是处理棱角的常用方式之一。与倒圆角类似，其基本操作过程也是先选中需要操作的边，然后进行参数的设置，最终完成该特征的创建。

选择菜单栏中的【插入】/【细节特征】/【倒斜圆】命令，或者单击【特征】工具栏中的【倒斜角】按钮，弹出【倒斜角】对话框，如图 6-23 所示，该对话框中的【设置】选项栏中的【偏置方法】有如下两种。

◆　沿面偏置边：将对简单形状的实体生成倒斜角。

◆　偏置面并修剪：不适合使用第一种方式的复杂情况下生成倒斜角。

在【偏置】选项栏中，系统共为用户提供了如下 3 种倒斜角的方式。

◆　对称：倒斜角对象边的两个邻接面将以同一偏置方式进行倒斜角的创建，如图 6-24 所示。

图 6-23　【倒斜角】对话框

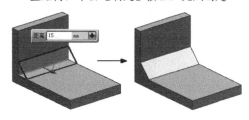

选中需要倒斜角的对象边，设置倒角偏置距离，单击【确定】按钮，完成创建

图 6-24　"对称"倒斜角示意图

◆ 非对称：倒斜角对象边的两个邻接面将用不同的偏置方式进行倒斜角的创建，如图 6-25
所示。

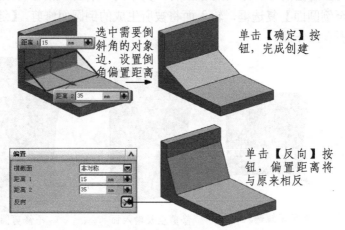

图 6-25 "非对称"倒斜角示意

◆ 偏置和角度：根据一个偏置值与一个角度进行倒斜角的创建。若选择该方式，【设置】选项栏中的【偏置方法】选项将被隐藏，如图 6-26 所示。

图 6-26 【偏置】选项栏与"偏置和角度"倒斜角示意

6.2.3 拔模

在零件或者模具设计中，为了拔模的方便，常常需要对相关面组进行处理，加以一定的角度限制。拔模操作的基本原理是指定一个矢量方向与角度，使得拔模对象面组依角度进行变化。

选择菜单栏中的【插入】/【细节特征】/【拔模】命令，或者单击【特征】工具栏中的【拔模】按钮 ，弹出【拔模】对话框，如图 6-27 所示。

图 6-27 【拔模】对话框

对话框中的矢量选项就是模具或者冲模为了与部件分开而移动的方向。如果创建的实体是模具或者冲模对象，则该矢量是零件为了与模具或者冲模分开而移动的方向。

该对话框提供了如下 4 种类型的拔模方式。

◆ 从平面：指定一个平面作为参考平面，用来限定与拔模对象面的角度，具体效果如图 6-28 所示。

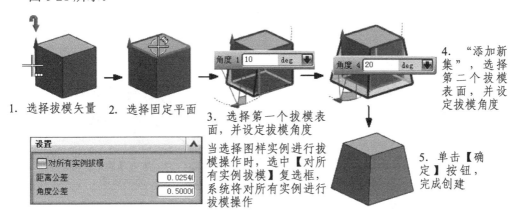

图 6-28 "从平面"拔模示意

◆ 从边：用于从指定的一些实体边缘进行拔模操作，这些边缘为固定边，其具体操作及效果如图 6-29 所示。【设置】选项栏中的【拔模方法】有两种：等斜度拔模（创建的拔模角度通常需要满足一些约束条件）和真实拔模（创建的拔模角度不需要满足前者中的约束条件，而且在某些情况下更为精确）。

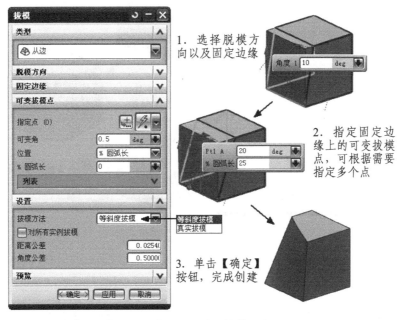

图 6-29 "从边"拔模示意

◆ 与多个面相切：用于创建在拔模后仍然相切于相切面的拔模特征。指定拔模方向后选择的拔模面，即保持相切的面，相对保持固定的面与拔模面之间在进行完圆角操作之后原有边缘已经消失，其具体操作及效果如图 6-30 所示。

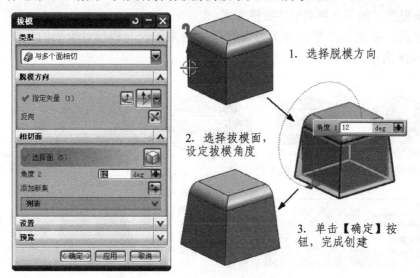

图 6-30　"与多个面相切" 拔模示意

◆　至分型边：可使拔模实体在分型边处具有分型边的形状，拔模对象面上需有分型边，其具体操作及效果如图 6-31 所示。

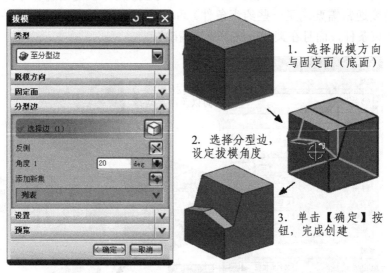

图 6-31　"至分型边" 拔模示意

6.2.4　抽壳

抽壳用于从指定面移除用户指定厚度的内部实体，从而减少零件材料。选择菜单栏中的【插入】/【偏置/缩放】/【抽壳】命令，或者单击【抽壳】按钮，弹出【抽壳】对话框（如图 6-32 所示），该对话框提供了两种创建抽壳特征的方式：移除面，然后抽壳和对所有面抽壳。

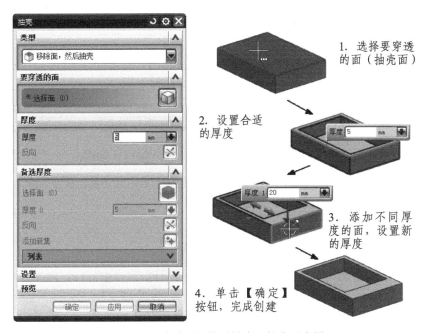

图 6-32 "移除面，然后抽壳"抽壳示意图

"对所有面抽壳"方式用于创建中空的实体。用户指定操作对象实体与拔模参数后，系统将自动进行拔模操作，选择实体后输入抽壳厚度，根据需要增加新的抽壳面和厚度，最终完成建模，过程与"移除面，然后抽壳"方式相似，如图 6-33 所示。

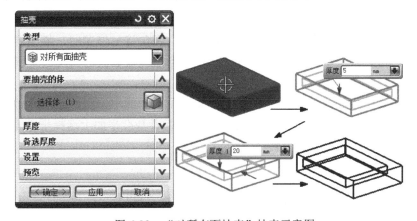

图 6-33 "对所有面抽壳"抽壳示意图

6.2.5 螺纹

螺纹一般位于圆柱体的内表面（螺母、螺孔）或者外表面（螺栓、螺杆），在实际中，该特征一般用车床加工，车刀截面沿着回转表面的螺旋线运动而形成。外螺纹与内螺纹配对，起到紧固件或者传导运动的作用。

选择菜单栏中的【插入】/【设计特征】/【螺纹】命令，或者单击【特征】工具栏中的【螺纹】按钮 ，弹出【螺纹】对话框，如图 6-34 所示。

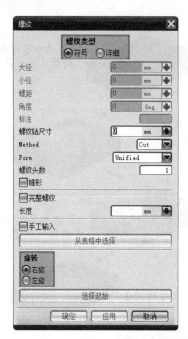

图 6-34 【螺纹】对话框

该对话框中螺纹类型有以下两种选择。

◆ 符号：系统将以虚线圆的形式显示在要攻螺纹的圆柱面上。符号螺纹允许用户以螺纹表文件（可根据需要进行定制）确定默认参数；一旦创建就不能复制或引用，但在创建时，可以建立多个不同的副本和引用副本。

◆ 详细：将提供一个与父特征关联的螺纹特征，当父特征修改时，螺纹参数将作出相应的更新。可选择生成部分关联的符号螺纹（当螺纹被修改时特征将更新）或指定固定的长度。

在【详细】类型中创建螺纹，系统根据所选圆柱面自动给出一组默认的参数值，用户可以根据自身需要进行修改。【选择起始】按钮允许在实体或者基准平面上选择平面表面，为符号螺纹或者详细螺纹指定一个新的起始位置。

6.3 特 征 复 制

在产品建模的过程中，常常需要对已建好的特征进行复制，如孔特征的阵列、对称实体的镜像复制等，以避免重复操作，提高效率。

6.3.1 抽取

抽取特征用于复制已有的几何对象，从而生成新的片体或者实体。选择菜单栏中的【插入】/【关联复制】/【抽取体】命令，或者单击【抽取体】按钮，弹出【抽取体】对话框，如图 6-35 所示。

图 6-35　【抽取体】对话框

抽取操作中可复制对象包括以下 3 类。

◆ 面：用户可以选择实体或者片体的表面将其抽取为片体。系统共提供了 4 种面抽取类型，分别为单个面（抽取实体或者片体的某个表面成为片体）、相邻面（选取实体或者片体的某个面，系统将把该面及与其相邻的所有面抽取为片体）、体的面（系统将把一个实体的所有表面抽取为片体）、面链（选取一组相连的表面抽取为片体），如图 6-36（a）所示。各种抽取类型示意图如图 6-36（b）所示。

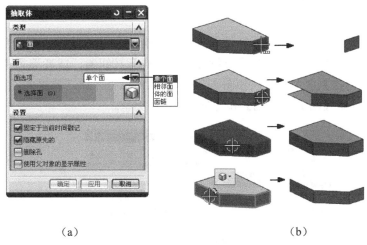

（a）　　　　　　　　　　　　　　　　（b）

图 6-36　"面"抽取示意

◆ 面区域：可以在实体中选取种子表面与边界表面，其中，种子表面是面域的起始面，边界表面是面域的终止面，边界内的所有与种子表面相关的表面将被抽取为片体，如图 6-37 所示。

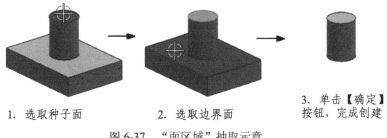

1．选取种子面　　　　　2．选取边界面

3．单击【确定】
按钮，完成创建

图 6-37　"面区域"抽取示意

◆ 体：可将对实体或者片体进行复制，且复制出的对象与原对象相关联。

在抽取操作的过程中，还可以针对不同的类型进行设置，完整的【设置】选项栏如图 6-38 所示。

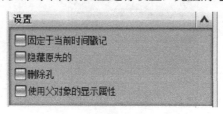

图 6-38　【设置】选项栏

各选项介绍如下。

◆　固定于当前时间戳记：选中该复选框，使得抽取出的对象与源对象非关联。

◆　隐藏原先的：选中该复选框，隐藏源抽取对象。

◆　删除孔：选中该复选框，删除所有抽取表面上的孔。

◆　使用父对象的显示属性：选中该复选框，继承源对象的各种显示属性。

6.3.2　对特征形成图样

对特征形成图样功能将创建与原特征相同且规律分布的一组特征，以避免重复操作，提高效率。单击【特征操作】工具栏中的【对特征形成图样】按钮，或者选择【插入】/【关联复制】/【对特征形成图样】命令，弹出如图 6-39 所示的对话框，该功能提供了【线性】、【圆形】、【多边形】、【螺旋式】、【沿】、【常规】和【参考】7 种类型。

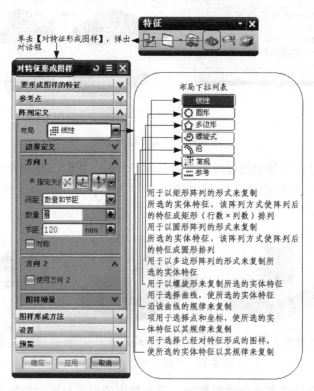

图 6-39　【对特征形成图样】对话框

视频教学

1.【线性】阵列

用户可以直接在绘图工作区中选取操作特征，选取特征后，系统会显示【方向1】和【方向2】选项栏，然后输入参数。具体操作如图 6-40 所示。

2.【圆形】阵列

用户可以直接在绘图工作区中选取操作特征，选取特征后，进行角度方向参数设置。具体操作如图 6-41 所示。

3.【多边形】阵列

用户可以直接在绘图工作区中选取操作特征，选取特征后，进行多边形参数设置。具体操作如图 6-42 所示。

4.【螺旋式】阵列

用户可以直接在绘图工作区中选取操作特征，选取特征后，进行螺旋式参数设置。具体操作如图 6-43 所示。

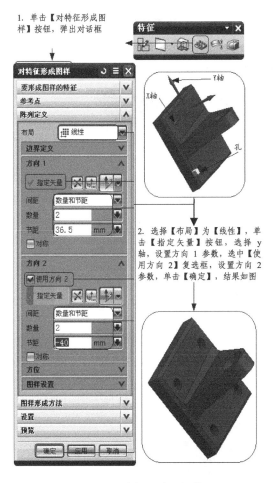

图 6-40 【线性】阵列操作

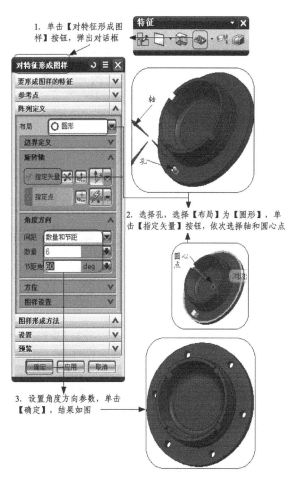

图 6-41 【圆形】阵列操作

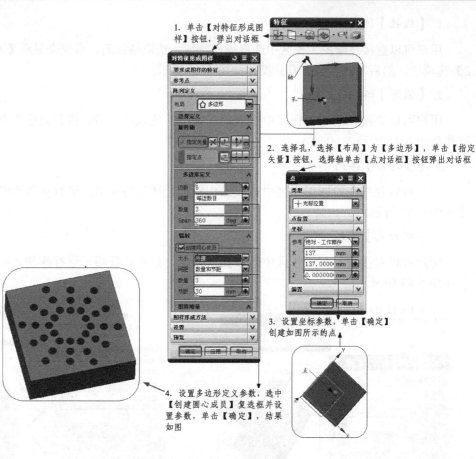

图 6-42 【多边形】阵列操作

图 6-43 【螺旋式】阵列操作

5.【沿】阵列

用户可以直接在绘图工作区中选取操作特征，选取特征后，设置方向 1 的参数。具体操作如图 6-44 所示。

6.【常规】阵列

用户可以直接在绘图工作区中选取操作特征，选取特征后，选择指定的点或创建点。具体操作如图 6-45 所示。

7.【参考】阵列

用户可以直接在绘图工作区中选取操作特征，选取特征后，选择参考模式和参考点。具体操作如图 6-46 所示。

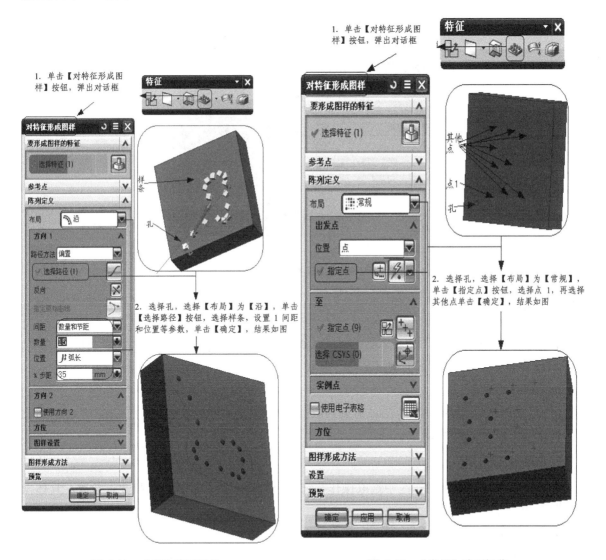

图 6-44　【沿】阵列操作　　　　图 6-45　【常规】阵列操作

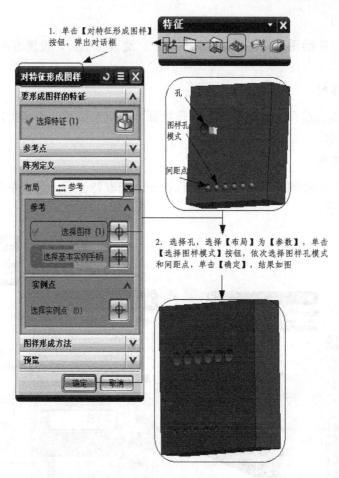

1. 单击【对特征形成图样】
按钮，弹出对话框

2. 选择孔，选择【布局】为【参数】，单击
【选择图样模式】按钮，依次选择图样孔模式
和间距点，单击【确定】，结果如图

图 6-46 【参考】阵列操作

6.3.3 图样面

单击【图样面】按钮，用户不一定要选取某些特征或实体对象，也可以直接选取想要复制的
表面。【图样面】对话框如图 6-47 所示。

1.【矩形阵列】

用户可以直接在绘图工作区中选取操作特征，选取特征后，设置 X 方向和 Y 方向的参
数。具体操作如图 6-48 所示。

2.【圆形阵列】

用户可以直接在绘图工作区中选取操作特征，选取特征后，设置角度和数量参数。具体操
作如图 6-49 所示。

3.【镜像】

用户可以直接在绘图工作区中选取操作特征，选取特征后，再选取一个镜像平面。具体操
作如图 6-50 所示。

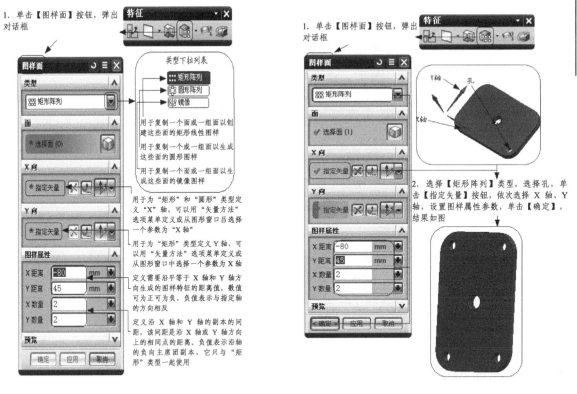

图 6-47　【图样面】对话框　　　　　　　　　图 6-48　【矩形阵列】操作

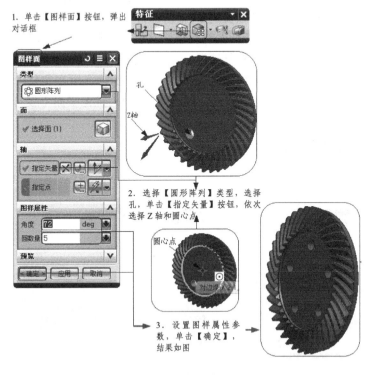

图 6-49　【圆形阵列】操作

视频教学

1. 单击【图样面】按钮，弹出对话框

3. 选择【镜像】类型，选择孔，单击【选择平面】按钮，选择平面，单击【确定】，结果如图

图 6-50　【镜像】操作

6.3.4　镜像特征

镜像特征操作就是复制一个或者多个特征，将复制对象通过镜像操作复制到指定平面的另一侧。选择菜单栏中的【插入】/【关联复制】/【镜像特征】命令，或者单击【特征】工具栏中的【镜像特征】按钮，弹出【镜像特征】对话框，其创建过程如图 6-51 所示。

选中对话框中的【添加相关特征】复选框，系统将把被选特征的所有相关特征添加到镜像对象集中；选中【添加体中的全部特征】复选框，系统将把特征所在实体上的所有特征添加到镜像对象集中。与【阵列面】的操作不同，【镜像特征】中的镜像平面不仅可以选取已有的实体表面或者基准面，还可以定义一个新的平面。

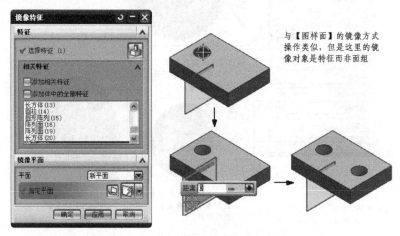

与【图样面】的镜像方式操作类似，但是这里的镜像对象是特征而非面组

图 6-51　【镜像特征】对话框及操作示意图

6.3.5 镜像体

镜像体特征将针对实体或者片体通过指定的镜像平面进行镜像复制，镜像体无法以自身的表面作为镜像面。选择菜单栏中的【插入】/【关联复制】/【镜像体】命令，或者单击【特征】工具栏中的【镜像体】按钮，弹出【镜像体】对话框，依次选择镜像对象体和镜像平面，即可完成镜像体的创建，如图 6-52 所示。

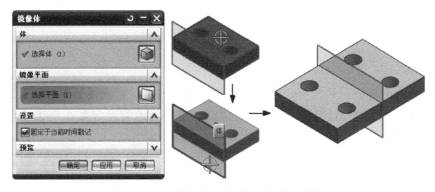

图 6-52　【镜像体】对话框及操作示意图

选中【固定于当前时间戳记】复选框，则镜像体在历史记录中将有固定位置，在时间戳记后创建的对原实体的更改将不会反映在镜像体中；取消选中该复选框，对原实体的更改将反映到镜像体中。

6.4　特　征　编　辑

当建模完成后，用户常常会发现某些特征建模不符合要求，此时便可以使用各种特征编辑工具对已有特征进行编辑。UG 所提供的强大的参数化关联建模功能使得用户在后期进行模型的修改变得极其方便，只需对部分结构进行形状、大小、位置等约束条件的修改，系统便会自动完成剩余模型的更新。

6.4.1 编辑特征参数

该工具是指通过重新定义创建特征的参数来实现对特征的编辑。通过编辑特征参数可以随时对特征进行更新，提高建模的准确性与有效性。

单击【编辑特征】工具栏中的【编辑特征参数】按钮，弹出【编辑参数】对话框，如图 6-53 所示。

该对话框中列出了当前活动模型中的所有特征。选择需要编辑的特征，单击【确定】按钮，在弹出的对话框中，用户可以直接对特征进行编辑再生。

视频教学

图 6-53　【编辑参数】对话框

1．重新附着

当选择某些成型特征，如凸台、腔体、垫块、环槽等时，弹出【编辑参数】对话框。单击【特征对话框】按钮，弹出该特征的创建对话框，用于修改特征参数；单击【重新附着】按钮，弹出【重新附着】对话框，如图 6-54 所示。

图 6-54　【编辑参数】与【重新附着】对话框

【重新附着】对话框中列出了重新附着的操作步骤。

◆　指定目标放置面：用于给被编辑的特征选择一个新的附着面。

◆　指定水平参考：用于给被编辑的特征选择新的水平参考。

◆　重新定义定位尺寸：用于选择定位尺寸并能重新定义其位置。

◆　指定第一通过面：用于重新定义被编辑的特征的第一通过面/裁剪面。

◆　指定第二个通过面：用于重新定义被编辑特征的第二个通过面/裁剪面。

◆　指定工具放置面：用于重新定义用户定义特征（UDF）的工具面。

【重新附着】对话框中的其他按钮及选项的含义如下。

◆　方向参考：用于选择定义水平特征参考还是竖直特征参考（默认始终是为已有参考设置的）。

◆　【反向】按钮：可以将特征的参考方向反向。

◆　【反侧】按钮：将特征重新附着于基准平面时，可以将特征的法向反向。

◆　【指定原点】按钮：将重新附着的特征移动到指定原点，可以快速重新定位。

◆ 【删除定位尺寸】按钮：用于删除选择的定位尺寸。如果特征没有任何定位尺寸，该按钮不可用。

2．更改类型

当选择键槽等特征时，在弹出的【编辑参数】对话框中包含【更改类型】按钮，从而方便用户重新定义特征类型，如图 6-55 所示。

3．特征组

在【编辑参数】对话框中一次选择多个特征，弹出【特征分组】对话框，如图 6-56 所示，其中列出所选特征的所有表达式参数，用户可根据需要进行修改。

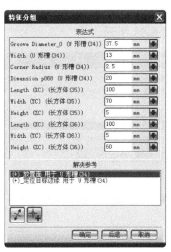

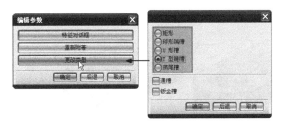

图 6-55　更改类型示意　　　　　图 6-56　【特征分组】对话框

6.4.2　特征移动

该工具可以移动没有任何定位的特征，移动位置已经用定位尺寸约束的特征需要使用【编辑定位尺寸】工具。选择菜单栏中的【编辑】/【特征】/【移动】命令，或者单击【特征编辑】工具栏中的【移动特征】按钮，弹出【移动特征】对话框，如图 6-57 所示。

图 6-57　【移动特征】对话框

选择可以移动的特征后，系统为用户提供了以下 4 种用于移动特征的方式。

◆ DXC、DYC、DZC：通过用矩形（XC 增量、YC 增量、ZC 增量）坐标指定距离和方向，移动一个特征。该特征相对于工作坐标系作移动。

◆ 至一点：可以将特征从参考点移动到目标点。

◆ 在两轴间旋转：通过在参考轴和目标轴之间旋转特征来移动特征。

◆ CSYS 到 CSYS：可以将特征从参考坐标系中的位置重定位到目标坐标系中。特征相对于目标坐标系的位置与参考坐标系的相同。

6.4.3 重新排序

该工具通过更改模型上特征的创建顺序来编辑特征。由于不同的特征有不同的布尔类型，因此更改特征的创建顺序常常带来不同的效果。单击【特征编辑】工具栏中的【特征重排序】按钮，弹出【特征重排序】对话框，用户通过指定参考特征与重定位特征的先后顺序完成重排序，如图 6-58 所示。

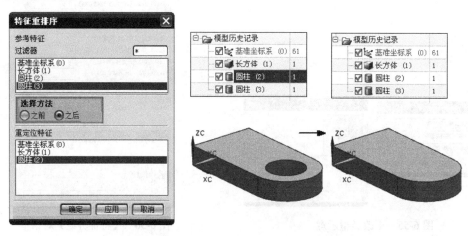

图 6-58 【特征重排序】对话框及示意图

图 6-58 中特征之间的布尔运算关系在重排序之后也会相应更新。同时，用户也可以在【部件导航器】中右击重排序的特征，在弹出的快捷菜单中选择【重排在前】或者【重排在后】命令，或者直接使用鼠标左键拖住某特征上下移动，均可以完成特征的重排序，如图 6-59 所示。

图 6-59 特征重排序示意图的两种方法

6.4.4 抑制与取消特征

该工具允许临时从目标体及显示中删除一个或多个特征。被抑制的特征依然存在于数据库中，只是将其从模型中删除了，特征树中该特征前的复选框处于取消选中状态，但特征依然存在。抑制操作可以有效地减小模型的大小，使之更容易操作，尤其当模型非常复杂时，加速生成、对象选择、编辑和显示时间。有时为了便于用户进行分析工作，可从模型中删除像小孔和圆角之类的非关键特征，或者在有矛盾几何体的位置生成特征。例如，如果需要用已经圆角的边来放置特征，则可以抑制圆角，生成并放置新特征后释放被抑制的圆角即可。

单击【特征编辑】工具栏中的【抑制特征】（【取消抑制特征】 ）按钮 ，在弹出的如图 6-60 所示的【抑制特征】（【取消抑制特征】）对话框中选择需要操作的特征，即可控制特征的抑制状态。

图 6-60　【抑制特征】与【取消抑制特征】对话框

在实现抑制特征的过程中，系统会自动将有关联性的特征一起抑制，同时，用户也可以在特征树中通过取消选中或者重新选中特征前的复选框实现该功能。

6.4.5　移除参数

该工具允许用户从一个或多个实体和片体中删除所有参数，还可以从与特征相关联的曲线和点删除参数，使其成为非相关联对象。没有任何关联性、时间或者是顺序上的约束，但是该选项不支持草图曲线。

单击【特征编辑】工具栏中的【移除参数】按钮 ，在弹出的【移除参数】对话框中选择需要操作的对象，单击【确定】按钮后弹出提示对话框，单击【是】按钮，即可完成该对象参数的移除，如图 6-61 所示。

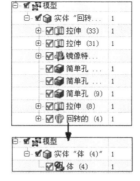

移除参数前后特征树的变化

图 6-61　移除参数示意

6.5 实例·操作——烟灰缸

烟灰缸模型如图 6-62 所示。

【思路分析】

该模型的建模步骤可以分为 3 步，即先进行模型最外轮廓的创建，然后进行中间盛放烟灰的空腔和周边放置烟头的凹槽的创建，最后使用【壳】工具挖空底部，并且使用【圆角】工具细化模型，如图 6-63 所示。

图 6-62 烟灰缸

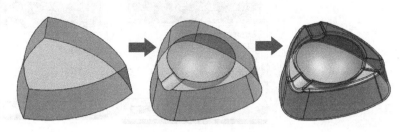

图 6-63 创建烟灰缸的流程

【光盘文件】

  结果文件——参见附带光盘中的 "END\Ch6\6-5.prt" 文件。

动画演示——参见附带光盘中的 "AVI\Ch6\6-5.avi" 文件。

【操作步骤】

（1）单击【新建】按钮，新建模型 6-5.prt 并确定其路径为 "D:\modl\"。

（2）采用拉伸的方式，创建模型主体，选择【插入】/【设计特征】/【拉伸】命令，或者单击【特征】工具栏中的【拉伸】按钮，在弹出的对话框中选择草图创建拉伸截面线串、草图平面为 XC-YC 平面，创建如图 6-64 所示的曲线并添加约束。

（3）单击【完成草图】按钮，回到拉伸操作，输入拉伸的起始与结束值分别为 0mm、30mm，在【拔模】栏中选择 "从起始限制" 并输入角度 10deg，创建如图 6-65 所示的拉伸体。

（4）创建边倒圆。选择【插入】/【细节特征】/【边倒圆】命令，或者单击【特征操作】工具栏中的【边倒圆】按钮，弹出【边倒圆】对话框后，选择如图 6-66 所示的 3 条边，并输入圆角为 20mm。

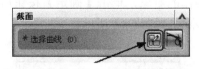

单击【创建草图】按钮进入草图环境

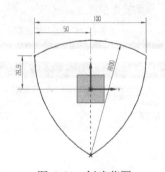

图 6-64 创建草图

输入拉伸距离与拔模角度

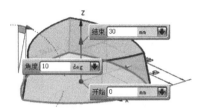

图 6-65　创建拉伸体

选择 3 条边　　结果

图 6-66　创建边倒圆

（5）单击【特征】工具栏中的【球】命令，在弹出的【球】对话框中选择"中心点和直径"创建方式，设置球的中心点为（0，0，35）、【直径】为 60mm，【布尔】类型为"求差"，如图 6-67 所示。

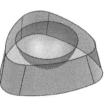

图 6-67　创建球

（6）单击【特征】工具栏中的【圆柱体】命令，在弹出的【圆柱】对话框中选择-YC 轴作为圆柱方向、点（0，0，35）为圆柱轴线上一点，创建【直径】为 16mm、【高度】为 80mm 的圆柱体，并与原有实体作"求差"操作，如图 6-68 所示。

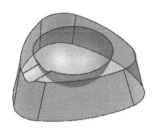

图 6-68　创建圆柱凹槽

（7）选择菜单栏中的【插入】/【关联复制】/【对特征形成图样】命令，或者单击【对特征形成图样】按钮，在弹出的【对特征形成图样】对话框中的【布局】栏目中选择【圆形】选项，选择步骤（6）中创建的圆柱特征作为阵列特征，选择原点为阵列中心、ZC 轴为阵列矢量，设置阵列实例【数量】为3，【节距角】为 120deg，单击【确定】按钮，生成圆形阵列，如图 6-69 所示。

1. 输入圆形阵列的【数量】为 3、【节距角】为 120deg

2. 矢量类型为 "ZC 轴"

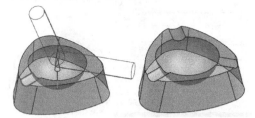

3. 选择原点为阵列中心　　4. 单击【是】按钮，完成创建

图 6-69　创建圆形阵列

（8）使用【边倒圆】工具，在弹出的【边倒圆】对话框中选择所有上表面的边，创建半径值为 3mm 的倒圆角，如图 6-70 所示。

选择所有上表面的边缘创建倒圆

图 6-70　边倒圆

（9）选择菜单栏中的【插入】/【偏置/缩放】/【抽壳】命令，或者单击【抽壳】按钮，在弹出的【抽壳】对话框中保持默认【类型】为 "移除面，然后抽壳"，并选择底面作为移除面，输入壳体【厚度】为 1.5mm，单击【确定】按钮，最终效果如图 6-71 所示。

选择底面作为移除面

图 6-71　创建完成

6.6　实例·练习——杯子

本实例练习将创建一个杯子的模型，其具体形状如图 6-72 所示。

图 6-72　杯子

【思路分析】

　　本实例主体模型是一个带拔模特征的圆柱体，然后用抽壳创建内部空腔，最后添加圆角特征完成创建。

【光盘文件】

 结果文件——参见附带光盘中的"END\Ch6\6-6.prt"文件。

 动画演示——参见附带光盘中的"AVI\Ch6\6-6.avi"文件。

【操作步骤】

　　（1）单击【新建】按钮，新建模型 6-6 .prt 并确定其路径为"D:\modl\"。

　　（2）创建杯子主体。单击【特征】工具栏中的【圆柱体】按钮，弹出【圆柱】对话框。保持默认的"轴、直径和高度"类型，在原点创建【直径】为 45mm、【高度】为 100mm、Z 轴方向的圆柱体，如图 6-73 所示。

　　（3）选择菜单栏中的【插入】/【细节特征】/【拔模】命令，或者单击【特征操作】工具栏中的【拔模】按钮，在弹出的【拔模】对话框中选择拔模【类型】为"从平面"，并指定-Z 轴正向为脱模方向，选择底面作为固定面，圆柱侧面为拔模面，输入拔模角度为 5deg，如图 6-74 所示。

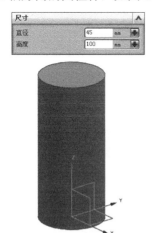

图 6-73　创建圆柱体

【拔模】对话框设置

图 6-74　创建拔模特征

拔模表面

固定面

脱模方向

图 6-74 创建拔模特征（续）

（4）挖空杯子的内部。选择菜单栏中的【插入】/【偏置/缩放】/【抽壳】命令，或者单击【抽壳】按钮，在弹出的【抽壳】对话框中选择实体上表面作为穿透面，并设置【厚度】为 3mm，如图 6-75 所示。

图 6-75 创建抽壳特征

（5）再次使用【抽壳】工具，将杯体的底面作为要移除的面，设置厚度为 2mm，生成如图 6-76 所示的结果。

（6）选择菜单栏中的【插入】/【细节特征】/【边倒圆】命令，或者单击【特征操作】工具栏中的【边倒圆】按钮，弹出【边倒圆】对话框，选择两条边，输入圆角半径为 2mm，使用【添加新集】工具，再次添加底面与顶部的几条边缘，如图 6-77 所示。

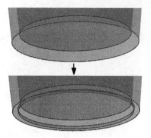

图 6-76 创建杯底抽壳

选择第一条圆角对象内部底边

单击【添加新集】按钮

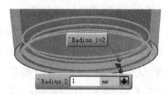

选择底部边缘，输入半径为 1mm

再次添加顶部两个边缘，输入半径为 1.5mm

图 6-77 创建圆角

视频教学

第7讲　曲面创建

　　曲面造型是 UG 中的重要组成部分，也是 CAD/CAM/CAE 软件建模功能的体现，很多产品都是根据曲面造型来实现其复杂形状的构建。自由曲面特征不仅可以实现实体复杂的外形设计，还可以单独建立并应用到实体建模中。UG 的曲面设计构造方法繁多，功能强大，全面准确地使用各种工具完成曲面设计是使用好 UG 的关键之一。很多曲面的创建过程都基于曲线，因此需要用户精确地构造曲线，尽量减少后期修改，避免各种缺陷（如交叉、断点等）。本讲将介绍不同的曲面造型方法。

 ## 本讲内容

- ❯　实例·模仿——苹果
- ❯　创建一般曲面
- ❯　创建网格曲面

- ❯　其余创建方式
- ❯　实例·操作——水瓶
- ❯　实例·练习——鼠标

7.1　实例·模仿——苹果

　　本实例介绍苹果的建模过程，苹果模型如图 7-1 所示，首先添加苹果主体各个平面上的截面线串，随后绘制其侧面轮廓与果柄曲线，最后利用扫掠曲面的方式创建该模型。

图 7-1　苹果

【思路分析】

该模型的创建首先在各个平面上的苹果截面曲线基础上，使用样条曲线的工具连接每个截面圆形，形成苹果的主体骨架，然后创建由一条样条曲线与两端的截面圆形构成的果柄骨架，最后通过扫掠曲面的方式创建该模型。其主要创建流程如图 7-2 所示。

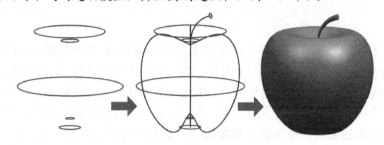

图 7-2　苹果模型的创建流程

【光盘文件】

 ——参见附带光盘中的"END\Ch7\7-1.prt"文件。

——参见附带光盘中的"AVI\Ch7\7-1.avi"文件。

【操作步骤】

（1）单击【新建】按钮□，或者选择菜单栏中的【文件】/【新建】命令，新建模型 7-1.prt 并确定其路径为"D:\modl\"。

（2）选择菜单栏中的【插入】/【曲线】/【圆弧/圆】命令，选择【类型】为"从中心点开始的圆弧/圆"，选择原点作为中心点，输入半径为 12mm，并确认【限制】栏中【整圆】复选框被选中，在 XC-YC 平面上创建底面圆，如图 7-3 所示。

【移动对象】对话框

——Z 轴正向移动 105mm
——Z 轴正向移动 95mm

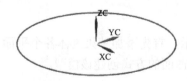

图 7-3　创建底面圆形

（3）选择菜单栏中的【编辑】/【移动对象】命令，选取步骤（2）中创建的圆形作为移动对象，并选择"距离"运动方式，以 Z 轴正方向为运动方向，依次通过移动 10mm、45mm、95mm 和 105mm 创建另外 4 个复制圆形，如图 7-4 所示。

——Z 轴正向移动 45mm

——Z 轴正向移动 10mm

图 7-4　复制圆形

视频教学

（4）选择菜单栏中的【编辑】/【曲线】/【参数】命令，在弹出的【圆弧/圆（非关联）】对话框中对各复制圆形的直径进行修改，最终结果如图 7-5 所示。

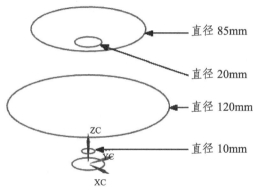

图 7-5　修改曲线参数

（5）使用【点】工具插入两个基准点，坐标分别为（0，0，15）与（0，0，90），如图 7-6 所示。

基准点（0，0，90）

基准点（0，0，15）

图 7-6　创建基准点

（6）选择菜单栏中的【插入】/【曲线】/【样条】命令，在弹出的对话框中选择"通过点"方式创建样条，依次选择创建的基准点与每个圆形的象限点，创建如图 7-7 所示的样条曲线。

选择条设置

图 7-7　创建样条曲线

（7）再次使用【移动对象】工具，选择菜单栏中的【编辑】/【移动对象】命令，以样条曲线作为移动对象，并选择"角度"运动方式，矢量与轴点分别为 ZC 轴与原点，依次通过旋转 120°与 240°创建另外两条样条曲线作为最终扫掠曲面的引导线，如图 7-8 所示。

（8）使用【草图】工具，以 XC-ZC 作为草图平面绘制如图 7-9 所示的样条曲线。

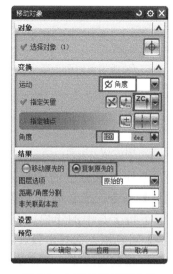

图 7-8　创建旋转复制曲线

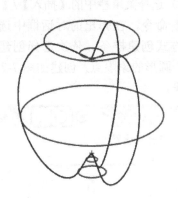

图 7-8　创建旋转复制曲线（续）

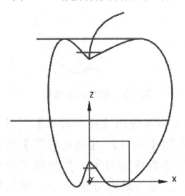

图 7-9　创建草图曲线

（9）在草图曲线的端部作半径分别为
0.3mm 和 3mm 的两个圆形。使用【圆弧/圆】
工具，并选择"在曲线上"方式确定圆形的
支持平面，如图 7-10 所示。

曲线端点的两个圆

图 7-10　创建圆形

（10）选择菜单栏中的【插入】/【扫
掠】/【扫掠】命令，或者单击【建模】工具
栏【曲面】下拉工具中的【扫掠】按钮 ，
弹出【扫掠】对话框，选择步骤（9）中创建
的两个圆形作为截面线串，两者之间的样条
曲线作为引导线，并选择【首选项】/【建

模】/【常规】选项中的【体类型】为实体，
生成如图 7-11 所示的对象，具体请参考 7.4.1
节"扫掠曲面"内容部分。

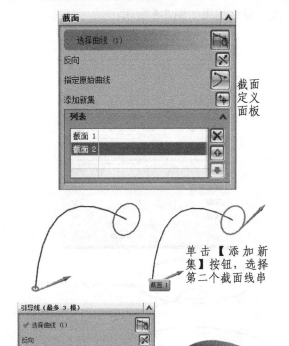

截面定义面板

单击【添加新
集】按钮，选择
第二个截面线串

引导线定义面板

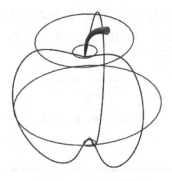

图 7-11　创建果柄

（11）再次使用【扫掠】工具，选择 5
个圆形作为截面线串、3 条样条曲线作为引导
线，创建结果如图 7-12 所示，调整显示。

图 7-12　创建苹果

　　UG 系统中的自由曲面与其父对象（曲线等）相关，曲面会随着父对象的修改而更新。曲面特征通过 U 向与 V 向进行描述，一般通过多行方向大致一致的点或者曲线定义自由曲面。通常，曲面的引导方向是 U 向，曲面的截面线串方向是 V 向。

7.2　创建一般曲面

　　在 UG 曲面造型中，最基本的就是通过一些指定点，如通过点、极点等来创建曲面。点的位置、改变等均会影响曲面的形成与最终效果。

7.2.1　通过点

　　该工具通过若干比较规则的点创建出通过这些点的曲面。在实际操作中，常常会由于一些异常点而导致异常面的生成，此时需要将这些点删除重新创建曲面。

　　单击【曲面】工具栏中的【通过点】按钮❖（如果工具栏中没有此按钮，则需要通过【定制】命令，从【插入】/【曲面】类别中将【通过点】命令拖动到【曲面】工具栏中），弹出【通过点】对话框，如图 7-13 所示。

图 7-13　【通过点】对话框

对话框中各选项的含义如下。

◆　补片类型：用于控制系统输出面片的类型是单面片还是多面片。单面片是指由单一矩形阵列点所创建的曲面，并由一个曲面方程表达；多面片是指由多个单面片构成的片体选项。

◆　沿以下方向封闭：用于设置多面片创建曲面时在 U、V 两个方向的封闭方式。【两者皆否】选项代表片体从指定的点开始与结束，并且不封闭；【行】（列）选项表示点的第一行（列）变为最后一行；【两者皆是】表示两个方向都是封闭的。

◆ 行阶次：用于输入曲面 U 向的阶数（1～24），单面片的阶次从点数量最高的行开始。

◆ 列阶次：用于输入曲面 V 向的阶数，对于单面片系统将此设置为指定行的阶次减 1。

◆ 【文件中的点】按钮：单击该按钮，可使用户从包含点信息的文件中定义点来创建曲面。

下面以创建单个补片为例来介绍通过点创建曲面的流程。【补片类型】选择【单个】选项后，单击【确定】按钮，弹出点链定义方式对话框，如图 7-14 所示。

在该操作流程中，定义点链对话框提供了 4 种用于选取或者定义点链的方式，其中前 3 种通过各种方式选取在绘图区中的点创建点链，最后一种通过使用【点构造器】来创建点链。当完成创建曲面的最低要求行数时，弹出提示对话框，并询问用户是否需要继续指定点链，若需要，可以单击【指定另一行】按钮进行点链的添加。

多面片创建曲面的方法与单面片类似，指定封闭类型与行列阶次即可完成创建。设置阶次时，最小的行数或者每行的点数为 2（行列阶次为 1），最大的行数或者每行的点数为 25（行列阶次为 24）。

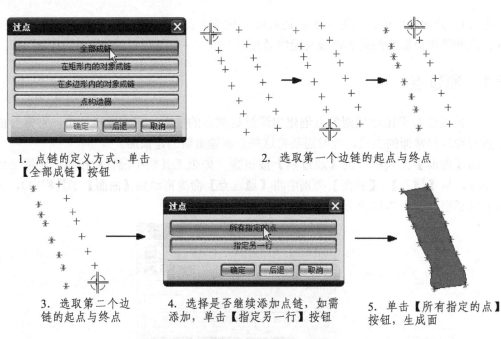

1. 点链的定义方式，单击【全部成链】按钮

2. 选取第一个边链的起点与终点

3. 选取第二个边链的起点与终点

4. 选择是否继续添加点链，如需添加，单击【指定另一行】按钮

5. 单击【所有指定的点】按钮，生成面

图 7-14 【通过点】创建单面片示意图

7.2.2 从极点

该工具通过规则点创建出以这些点作为极点的曲面可以更好地控制曲面的全局外形。与【通过点】创建曲面类似，【从极点】创建曲面也分为单面片与多面片两种类型。选择菜单栏中的【插入】/【曲面】/【从极点】命令，或者单击【曲面】工具栏中的【从极点】按钮 ，弹出【从极点】对话框，如图 7-15 所示。

图 7-15　【从极点】对话框

该对话框中的选项与【通过点】相同，因此其设置方式也是相同的。但是在操作过程中，极点需要一个一个地选取，而无法像【通过点】情况下直接选择一行点。下面以"多个"补片类型创建曲面为例介绍如何以该方式创建曲面，如图 7-16 所示。

由于设置的行列阶次均为 3，因此在定义极点的过程中每行至少要定义 4 个点，定义 4 行以上。最终将生成以每一行定义的起点与终点为极点的样条曲线为边界的曲面。

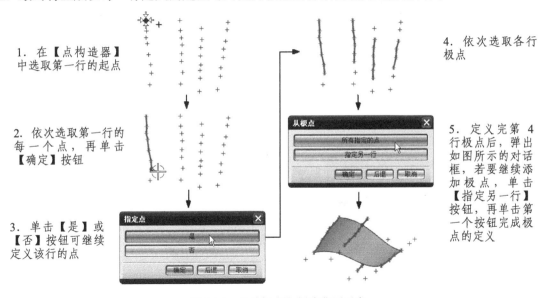

图 7-16　【从极点】创建曲面示意

7.3　创建网格曲面

可以利用点创建曲面，也可以利用曲线创建曲面。利用曲线创建曲面的骨架与边缘是最常用的方法，曲线与曲面之间构成父子关系，曲面会随着曲线的更改而更新。本节介绍几种利用曲线创建曲面的方式。

7.3.1　直纹面

该工具是通过选定的曲线来创建曲面，所选曲线可以是多条连续的曲线、实体边线等。直纹面广泛应用于通过钣金加工的曲面对象，可以理解为曲线之间通过一系列直线连成一张曲面网。如果所选择的曲线都是封闭曲线，还可以生成一个实体。

单击【曲面】工具栏中的【直纹面】按钮（若没有该按钮，需要从【定制】命令中的【插入】/【网格曲面】类别中将【真纹面】命令拖到【曲面】工具栏中），弹出【直纹】对话框，其具体操作流程如图 7-17 所示。

默认状态下选中【保留形状】复选框，保留曲线锐利尖角。系统提供的对齐方式有如下两种。

◆ 参数：将截面线串要通过的点以相等参数的形式分开，使每条曲线的长度被等分，曲面在等分的间隔点处对齐。对于直线来说，是以等距来划分的；对于曲线来说，是以等角度来划分的。

◆ 根据点：将不同截面线之间的一些点强制对齐，并可以在截面线上移动这些点，特别是截面线串包含尖锐拐角时，需要在拐角处通过该方式对齐，如图 7-18 所示。

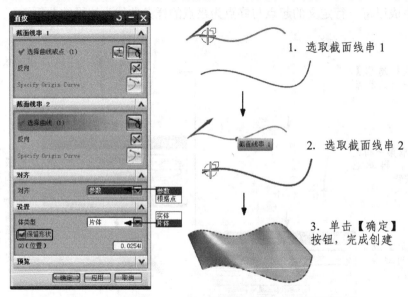

图 7-17　【直纹】对话框及操作

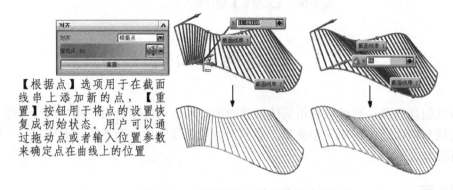

【根据点】选项用于在截面线串上添加新的点，【重置】按钮用于将点的设置恢复成初始状态。用户可以通过拖动点或者输入位置参数来确定点在曲线上的位置

图 7-18　"根据点"方式创建直纹面示意

取消选中【保留形状】复选框，【对齐】下拉列表框中的其他对齐方式如图 7-19 所示。

图 7-19 直纹面的对齐方式

◆ 圆弧长：表示空间中的点沿着所选的截面线以等圆弧的方式将其分开，如图 7-20 所示。

◆ 距离：选择一个矢量方向，在该方向上创建等距的垂直平面，以这些平面与两组截面线相交得到的点为直纹面对应的连接点。如图 7-21 所示，指定 ZC 轴为垂直平面组的参考矢量。

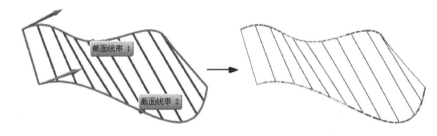

图 7-20 "圆弧长"方式创建直纹面示意图

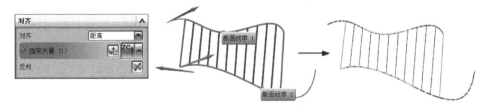

图 7-21 "距离"方式创建直纹面示意图

◆ 角度：选择一条轴线，以通过这条轴线的等角度平面与两截面线串相交，得到直纹面对应的连接点。该直纹面直线延长相交于圆点，如图 7-22 所示。

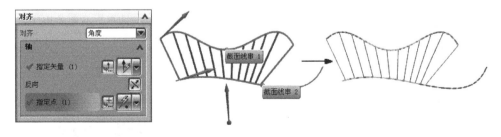

图 7-22 "角度"方式创建直纹面示意图

◆ 脊线：以脊线的垂直平面与两组截面线串所得的交点作为对应点。以这种方式创建的直纹面是由截面线和脊线的最小范围确定的，如图 7-23 所示。

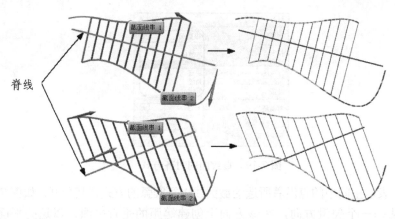

图 7-23　"脊线"方式创建直纹面示意图

7.3.2　通过曲线组

该工具将通过创建一系列截面线，并添加首尾接触约束的形式来创建曲面。所选择的截面线串可以是曲线或者曲面、实体的边线，也可以是一条或多条曲线组成的曲线串。该方式与直纹面的不同之处在于所选择的截面线串可以不止两条，曲线组曲面最多可选择 150 条截面线串。

选择菜单栏中的【插入】/【网格曲面】/【通过曲线组】命令，或者单击【曲面】工具栏中的【通过曲线组】按钮，弹出【通过曲线组】对话框，如图 7-24 所示。

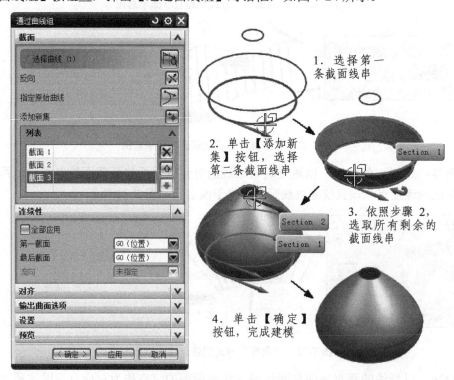

图 7-24　【通过曲线组】对话框及操作

对话框中【连续性】选项栏用于控制首尾线串的连接约束性质，选中【全部应用】复选框，系统将对第一个和最后一个截面线串使用相同的连续性约束。共有 3 种约束选择：G0（位置）、G1（相切）与 G2（曲率），分别用于控制截面线串在边界处与一个或者多个所选的体表面相切或者等曲率过渡。

对话框还包括【对齐】选项栏、【输出曲面选项】选项栏与【设置】选项栏，如图 7-25 所示，其中，【对齐】选项栏的设置与【直纹面】基本相同。【输出曲面选项】选项栏中【补片类型】下拉列表框可以设置单面片（系统自动计算 V 向阶次）、多面片（用户可以根据需要自己定义 V 向阶次）以及匹配线串；【构造】方式包括法向、样条点与简单 3 种；【V 向封闭】复选框被选中后，系统将针对封闭的截面线串创建出封闭的实体。【设置】选项栏用于设置创建曲面的调整方式，也同【直纹面】类似。

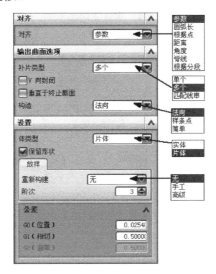

图 7-25 【通过曲线组】对话框中的选项栏

7.3.3 通过曲线网格

该工具能够根据在两个方向上的截面线串创建曲面，截面线串可以由一系列连续的线串组成，两组曲线分别叫做曲面的导引线（U 向）与截面线串（V 向），需要在设置的公差内相交，不能平行。

选择菜单栏中的【插入】/【网格曲面】/【通过曲线网格】命令，或者单击【曲面】工具栏中的【通过曲线网格】按钮，弹出【通过曲线网格】对话框，如图 7-26 所示。

该对话框中的【输出曲面选项】选项栏中【着重】下拉列表框中包括 3 类，分别介绍如下。

◆ 两者皆是：创建的曲面将位于主曲线与交叉曲线之间。

◆ 主要：创建的曲面将通过主曲线。

◆ 叉号：创建的曲面将通过交叉曲线。

【构造】下拉列表框中同样包括 3 类，分别介绍如下。

◆ 法向：使用标准步骤创建曲线网格曲面。

◆ 样条点：允许用户通过输入曲线的使用点和这些点处的斜率值来创建体。

◆ 简单：对曲线的数学方程进行简化，提高曲线的连续性。

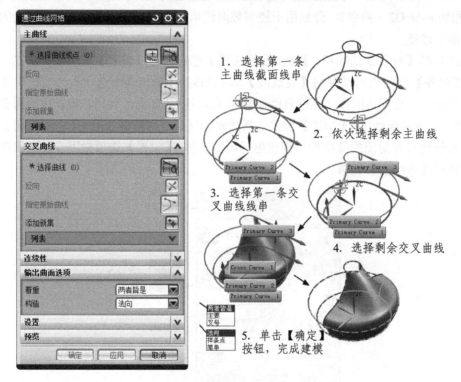

图 7-26 【通过曲线网格】对话框

7.3.4 N 边曲面

该工具通过指定的一组封闭曲线或边创建一个曲面，并指定其与外部面的连续性。选择菜单栏中的【插入】/【网格曲面】/【N 边曲面】命令，或者单击【曲面】工具栏中的【N 边曲面】按钮，弹出【N 边曲面】对话框，如图 7-27 所示。

N 边曲面共有以下两种创建类型。

◆ 已修剪：在封闭的边界上生成一张曲面。

◆ 三角形：在已选择的封闭曲线上创建一个由多个三角片体组成的曲面。

两种创建类型都要指定"外环"，即生成曲面的封闭参考线。【约束面】选项栏可选，该面与生成的曲面具有连续性，具体效果如图 7-28 所示。

以"已修剪"类型为例，对话框中的【UV 方位】选项栏用于控制新曲面生成时的方向，共有以下 3 种选项。

◆ 脊线：通过选择一条脊线来控制曲面的 V 方向，曲面的 U 方向垂直于所选的脊线，如图 7-29 所示。

◆ 矢量：通过设置一个矢量方向来控制曲面的 V 方向，矢量方向为一条无限长的直线，如图 7-30 所示。

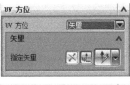

图 7-27 【N 边曲面】对话框与【UV 方位】选项栏

已修剪方式曲面   三角形方式曲面

不选择约束面   选择侧面作为约束面   不选择约束面   选择侧面作为约束面

图 7-28 约束面示意

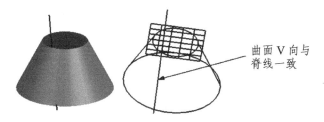

曲面 V 向与
脊线一致

图 7-29 脊线控制 UV 方向示意

 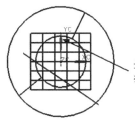

选择 YC 方向
控制 V 向

图 7-30 矢量控制 UV 方向示意

视频教学

◆ 面积：通过在 X-Y 平面中绘制一个矩形来控制 N 边曲面的方向以及区域大小，曲面投影在矩形区域内，且通过指定的内部曲线，如图 7-31 所示。

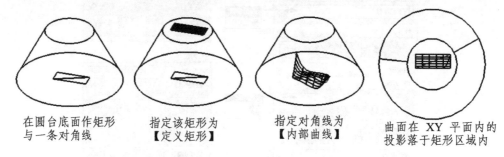

在圆台底面作矩形 指定该矩形为 指定对角线为 曲面在 XY 平面内的
与一条对角线   【定义矩形】 【内部曲线】 投影落于矩形区域内

图 7-31 面积控制 UV 方向示意

其中，在通过"脊线"与"矢量"控制曲面的 UV 方向，并且没有选择约束面时，还可以在对话框的【中心控制】选项栏中控制曲面的形状，如图 7-32 所示。

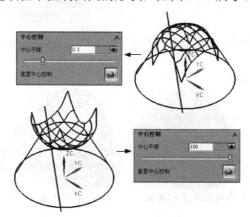

图 7-32 中心控制示意

当选择了约束面之后，【中心控制】选项栏不可用，而【形状控制】选项栏的【设置】选项中将会有如下两种设置约束面与创建曲面之间连接关系的方式。

◆ G0（位置）：控制曲面与 N 边曲面仅几何连接。
◆ G1（相切）：控制曲面与 N 边曲面一阶连续。

此外，【设置】选项栏中的【修剪到边界】复选框用于设置所创建的曲面边界是否到封闭曲线边缘，如图 7-33 所示。

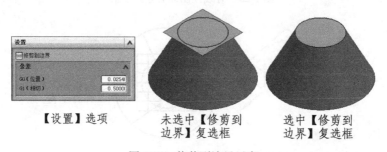

【设置】选项 未选中【修剪到 选中【修剪到
     边界】复选框 边界】复选框

图 7-33 修剪到边界示意

"三角形"类型的 N 边曲面的创建过程与"已修剪"类似，不同之处在于【形状控制】选项栏中可以通过拖动滑动条来改变中心点的位置，或者通过调整 X、Y 参数来改变 XY 平面的法向矢量，这里不再介绍。

7.4　其余创建方式

曲面的创建方式多种多样，除了通过点、曲线静态地创建曲面之外，还可以通过扫掠或者根据已有的曲面、实体等来创建。

7.4.1　扫掠曲面

该工具将通过系统指定的方式沿空间路径（引导线）移动曲线（截面线串），生成扫掠曲面。选择菜单栏中的【插入】/【扫掠】/【扫掠】命令，或者单击【曲面】工具栏中的【扫掠】按钮◈，弹出【扫掠】对话框，如图 7-34 所示。

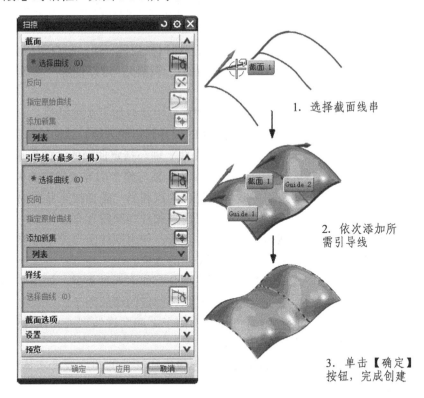

图 7-34　【扫掠】对话框及操作

其中曲面的引导线可以由一个或者多个对象组成，每个对象可以是曲线、实体边或者实体表面。引导线串构成曲面的 V 向，其对象必须光滑且连续，而且引导线最多只能有 3 条。【脊线】选项栏用于控制截面线串的方位，避免参数在引导线上不均匀分布导致的变形。脊线位于截面线串的法向时，生成曲面最佳。

当选择了一条引导线时，对话框中的【截面选项】选项栏如图 7-35 所示。

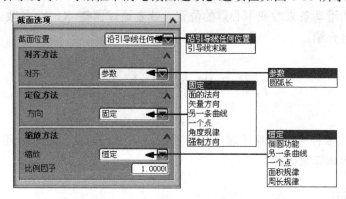

图 7-35　【截面选项】选项栏

【截面选项】选项栏可以针对扫掠曲面进行详细的设置，其中【截面位置】下拉列表框中共有以下两个选项。

◆　沿引导线任何位置：当截面线串位于引导线中间位置时，选择该选项将沿引导线的两端进行扫掠。

◆　引导线末端：截面线串从引导线的起点端扫掠到另一端，起点端由引导线矢量控制。

【对齐方法】与 7.3 节中介绍的创建曲面的工具相似，可以使用"参数"与"圆弧长"两种方式将定义的曲线隔开。

【定位方法】选项栏中的【方向】下拉列表框中共有如下 7 种类型。

◆　固定：使得截面线串在沿引导线扫掠时保持固定的方位，截面线与引导线的角度不变。

◆　面的法向：选择该选项，局部坐标系的 Y 轴与指定曲面的法向矢量保持一致。

◆　矢量方向：选择该选项，局部坐标系的 Y 轴与整个引导线指定的矢量保持一致。

◆　另一条曲线：通过连接引导线串上相应的点和另一条曲线来获得局部坐标系的 Y 轴。

◆　一个点：通过引导线串和点之间的三面直纹片体获得 Y 轴。

◆　角度规律：仅在一个截面线串扫掠时可选，使用规律函数控制方位。

◆　强制方向：使用一个矢量固定剖切平面的方位。

【缩放方法】选项栏中【缩放】下拉列表框共有如下 6 种类型，如图 7-36 所示。

◆　恒定：使得截面线串沿引导线扫掠时保持固定的缩放因子。

◆　倒圆功能：在指定的起始与终止比例因子之间允许线型或三次比例，起始与终止比例因子对应于引导线串的起点与终点。

◆　另一条曲线：在任意点的比例以引导线串和其他的曲线或者实体边之间的划线长度为基础进行控制。

◆　一个点：与"另一条曲线"类型相似，使用点代替曲线，并且可以使用同一个点做方位控制。

◆　面积规律：使用函数控制扫掠体的交叉截面面积。

◆　周长规律：使用函数控制扫掠体的横截面周长。

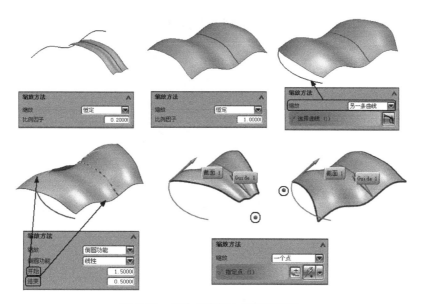

图 7-36 几种 "缩放" 类型示意图

当选择了两条引导线时,【截面选项】选项栏如图 7-37 所示。其中【对齐】下拉列表框与选择一条引导线时的设置相同,而【缩放】下拉列表框的选项变为了 "均匀" 与 "横向" 两种。

◆ 均匀:生成的曲面在截面线串的横向与纵向都进行了缩放。

◆ 横向:生成的曲面在截面线串的横向进行缩放,纵向保持不变。

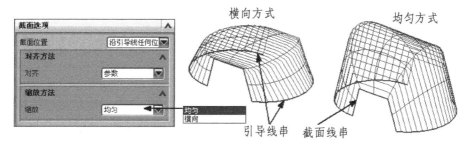

图 7-37 【截面选项】选项栏及示意

7.4.2 桥接曲面

该工具用于在两个自由曲面之间建立一个过渡曲面,过渡曲面与参考面之间可以相切或者曲率连续。【桥接曲面】是曲面造型中常用到的工具。单击【曲面】工具栏中的【桥接】按钮 (若没有该按钮,需要通过【定制】命令的【插入】/【细节特征】类型中将【桥接】命令拖到【曲面】工具栏中),弹出【桥接曲面】对话框,如图 7-38 所示。

首先选择第一个面的边缘,接着选择第二个面的边缘,选择两个需要连接的表面后,系统将会显示表示向量的箭头。选择表面上不同的边缘和拐角,所显示的箭头方向也将不同,如图 7-39 所示。

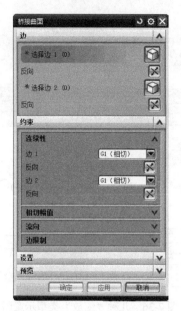

图 7-38　【桥接曲面】对话框

1. 选择第一个主面的边缘　　2. 选择第二个主面的边缘　　3. 选择某种连续性，单击
【确定】按钮，完成创建

图 7-39　"桥接曲面"操作示意图

【连续性】选项栏用于设置选定面与桥接面之间的连接类型，如图 7-40 所示，共有如下三种。

◆　G0（位置）：使将原表面与另一个表面连接时仅仅几何连续，这种方式很少使用。

◆　G1（相切）：使将原表面与另一个表面连接时相切连续。

◆　G2（曲率）：使将原表面与另一个表面连接时圆弧曲率连续。

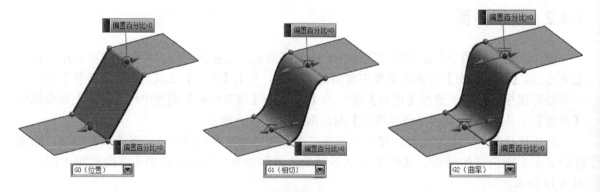

图 7-40　【连续性】设置示意图

7.4.3　延伸曲面

该工具在已有曲面的基础上，通过延伸曲面的边界或者曲面上的曲线，扩大曲面。延伸曲面的主要方式有相切与圆形延伸两种。单击【曲面】工具栏中的【延伸曲面】命令，弹出【延伸曲面】对话框，如图 7-41 所示。

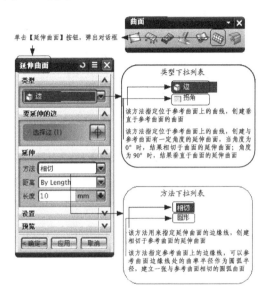

图 7-41　【延伸曲面】对话框

【类型】分为边和拐角两种，分别介绍如下

◆　边：指沿着选定的曲面的边缘进行延伸，具体操作如图 7-42 所示。

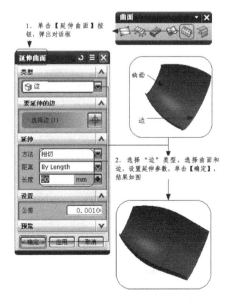

图 7-42　"边"操作

◆ 拐角：是从所选定曲面的某个拐角开始，沿着曲面两条边在拐角处的切向进行延伸，具体操作如图 7-43 所示。

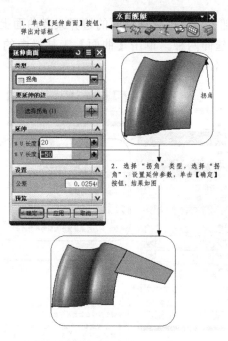

图 7-43　"拐角"操作

7.4.4　偏置曲面

该工具用于通过参考曲面向其法向偏置生成等距或者不等距的曲面。参考曲面称为基面，多个基面将会产生不同的偏置结果。选择菜单栏中的【插入】/【偏置/缩放】/【偏置曲面】命令，或者单击【曲面】工具栏中的【偏置曲面】按钮，弹出【偏置曲面】对话框，如图 7-44 所示。

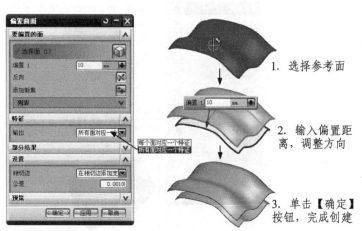

图 7-44　【偏置曲面】对话框及操作

对话框中【特征】选项栏中的【输出】下拉列表框中共有如下两种选项。

◆ 每个面对应一个特征：为每一个选定面创建一个偏置曲面特征。

◆ 所有面对应一个特征：为所有选定的连接面创建单个偏置曲面特征。若选择的某个面未与其他选定面连接，则会显示一条警告消息，忽略该警告消息，则为每个选定面和每组连接面创建一个偏置曲面。

7.5 实例·操作——水瓶

本实例将创建水瓶的线框模型，其模型如图 7-45 所示。

图 7-45 水瓶

【思路分析】

该模型的创建可以先使用各种曲面创建工具创建其外轮廓曲面，再通过加厚实体以及细节特征工具进行修剪，其创建过程如图 7-46 所示。

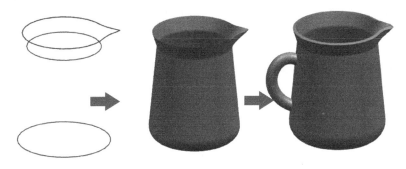

图 7-46 创建水瓶的流程

【光盘文件】

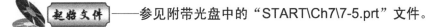
起始文件——参见附带光盘中的"START\Ch7\7-5.prt"文件。

结果文件——参见附带光盘中的"END\Ch7\7-5.prt"文件。

动画演示——参见附带光盘中的"AVI\Ch7\7-5.avi"文件。

【操作步骤】

（1）将起始文件 7-5.prt 复制到"D:\modl\"文件夹中，单击【打开】按钮，或者选择菜单栏中的【文件】/【打开】命令，打开"START\Ch7\7-5.prt"文件，如图 7-47 所示。

图 7-47　打开文件

（2）选择菜单栏中的【插入】/【曲面】/【有界平面】命令，在弹出的【有界平面】对话框中选择底面圆形后单击【确定】按钮，系统将生成一个底面圆形片体，如图 7-48 所示。

图 7-48　创建有界平面

（3）使用【直线】工具，连接图 7-48 中两段曲线圆弧部分的 3 个象限点，该直线将

作为扫掠曲面的引导线，如图 7-49 所示。

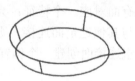

图 7-49　创建扫掠引导线

（4）再次使用【直线】工具，连接瓶颈圆形与底面圆，如图 7-50 所示。

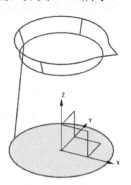

图 7-50　创建直线

（5）选择菜单栏中的【插入】/【扫掠】/【扫掠】命令，或者单击【曲面】工具栏中的【扫掠】按钮，在弹出的【扫掠】对话框中选择顶面与瓶颈两条曲线作为截面线串，以步骤（4）中创建的 3 条直线为扫掠引导线，对齐方式选择"弧长"，在"设置"页面中的"体类型"下拉框中选择"图纸页"（这里是翻译有误，应该是"片体"或者"曲面"）其余选项保持默认设置，操作步骤如图 7-51 所示。

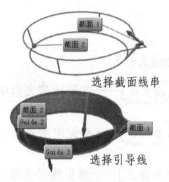

图 7-51　创建扫掠曲面

图 7-51　创建扫掠曲面（续）

（6）单击【曲面】工具栏中的【直纹面】按钮，在弹出的【直纹】对话框中分别选择底面曲线与中部曲线作为截面线串，对齐选项选择"参数"，单击【确定】按钮，完成创建，如图 7-52 所示。

图 7-52　创建直纹面

（7）选择【插入】/【细节特征】/【面倒圆】命令，或者单击【特征操作】工具栏中的【面倒圆】按钮，在弹出的【面倒圆】对话框中选择"两个定义面链"并选择"压延球"方式，选择直纹面与底面作为圆角输入面链，输入圆角为 30mm，单击【确定】按钮，创建圆角，如图 7-53 所示。

图 7-53　创建面圆角

（8）使用【边倒圆】工具在出水缺口处创建半径为 10mm 的圆角，再使用【面倒圆】工具在扫掠曲面与直纹面之间创建面圆角，值为 15mm，如图 7-54 所示。

图 7-54　创建圆角

（9）针对片体进行【加厚】操作，选择菜单栏中的【插入】/【偏置/缩放】/【加厚】命令，或者单击【特征】工具栏中的【加厚】按钮，弹出【加厚】对话框，选择已有对象片体，设置厚度选项【偏置 1】为 0mm，【偏置 2】为 7mm。注意调整方向朝外，如图 7-55 所示。

【加厚】对话框

选取对象片体，　　　　　结果
设置参数

图 7-55　片体加厚

（10）创建水瓶手柄。以水瓶对称面为草图平面，利用样条曲线工具绘制手柄的引导线，结果如图 7-56 所示。

（11）使用【管道】工具，创建手柄。在弹出的【管道】对话框中选取引导线，内径为 0mm、外径为 25mm，创建管道特征，如图 7-57 所示。

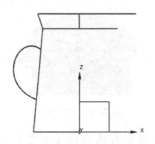

图 7-56　创建样条曲线

图 7-57　创建手柄

（12）由于管道特征的端部没有进行约束，因此需要使用【修剪体】工具进行裁剪，选择【插入】/【修剪】/【修剪体】命令，或者直接单击【特征】工具栏中的【修剪体】按钮，分别选择管道作为目标体，与其相交的直纹面作为工具面进行修剪，结果如图 7-58 所示。

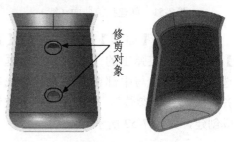

图 7-58　修剪手柄

（13）使用【边圆角】工具，在手柄处以及顶部边缘创建圆角，圆角半径分别为 5mm 和 1mm，结果如图 7-59 所示。

图 7-59　创建完成

7.6　实例·练习——鼠标

本实例将创建一个鼠标的主轮廓外形，如图 7-60 所示。

图 7-60　鼠标

【思路分析】

本实例模型主要由一个曲面和一个拉伸体构成，使用【扫掠】工具创建曲面，最终控制拉伸终点在曲面上即可。

【光盘文件】

 结果文件——参见附带光盘中的"END\Ch7\7-6.prt"文件。

动画演示——参见附带光盘中的"AVI\Ch7\7-6.avi"文件。

【操作步骤】

（1）单击【打开】按钮，或者选择菜单栏中的【文件】/【打开】命令，打开模型7-6.prt，如图 7-61 所示。

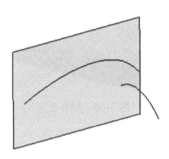

图 7-61　打开文件

（2）选择【插入】/【任务环境中的草图】命令，或者单击【草图】按钮，弹出【创建草图】对话框。保持默认选项设置，单击【确定】按钮，系统将以 XC-YC 平面作为草图平面进入草图环境，绘制如图 7-62 所示的曲线。

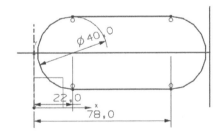

图 7-62　创建草图曲线

（3）使用【扫掠】工具创建鼠标的上表面。选择菜单栏中的【插入】/【扫掠】/【扫掠】命令，或者通过单击【曲面】工具栏中的【扫掠】按钮，弹出【扫掠】对话框，如图 7-63 所示。

（4）分别选择如图 7-64 所示的两条曲线

作为截面线串与引导线，创建扫掠曲面。

图 7-63　【扫掠】对话框

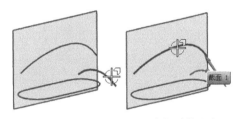

1. 选择截面线串　　2. 选择引导线串

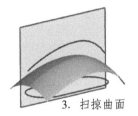

3. 扫掠曲面

图 7-64　创建扫掠曲面

（5）选择【插入】/【设计特征】/【拉伸】命令或者单击【特征】工具栏中的【拉伸】按钮，在弹出的【拉伸】对话框中选择步骤（2）中创建的草图曲线作为拉伸截面线串，开始值设为 0mm，结束选项选择"直至下一个"，并以系统自动选择的扫掠曲面作为终止限制几何对象，【拔模】选项栏的设置如图 7-65 所示，创建拉伸。

1. 选取拉伸线串

2. 终止限制曲面

3. 设置【拔模】参数

4. 拉伸结果示意

图 7-65　创建拉伸

（6）隐藏曲面，在鼠标的上、下表面边缘创建边圆角，圆角值为 2，最终效果如图 7-66 所示。

图 7-66　最终效果

第8讲 曲面编辑

第 7 讲介绍了曲面的创建方式,但在实际设计中往往需要对曲面进行不断地修改,从而完善产品的造型。本讲将结合实例及具体操作过程,介绍几种常用的曲面编辑的工具。

本讲内容

- 实例·模仿——反光镜
- 修剪曲面
- 缝合
- 曲面加厚
- 扩大曲面
- 移动定义点
- 移动极点

- 更改阶次
- 更改刚度
- 边界
- 更改边
- 实例·操作——饮料瓶
- 实例·练习——旋钮

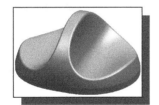 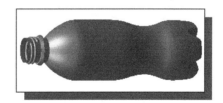

8.1 实例·模仿——反光镜

本例介绍一款反光镜的建模过程,模型如图 8-1 所示,打开已经创建好的曲线作为反光镜的骨架,然后使用各种曲面造型工具创建模型的外轮廓,最终通过加厚片体来创建模型实体。

图 8-1　反光镜

【思路分析】

该模型的创建首先在已有骨架的基础上通过网格曲面工具创建反光镜的外形轮廓,然后通过缝合工具将曲面合并成一个整体曲面,最后通过加厚的方式生成最终的实体模型,其主要创建流程如图 8-2 所示。

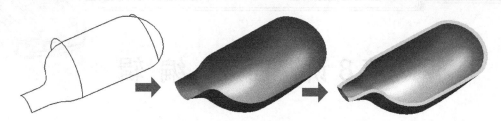

图 8-2　模型的创建流程

【光盘文件】

 结果文件——参见附带光盘中的"END\Ch8\8-1.prt"文件。

动画演示——参见附带光盘中的"AVI\Ch8\8-1.avi"文件。

【操作步骤】

（1）单击【打开】按钮，或者选择菜单栏中的【文件】/【打开】命令，打开模型8-1.prt，如图8-3所示。

图 8-3　原始框架

（2）选择菜单栏中的【插入】/【网格曲面】/【通过曲线网格】命令，或者单击【曲面】工具栏中的【通过曲线网格】按钮，弹出【通过曲线网格】对话框，分别选择如图8-4所示的3个圆弧作为主线串，底面两条曲线作为交叉线串，其余选项保持默认设置，单击【确定】按钮，创建网格曲面。需要注意的是，在选择交叉曲线时，要在【选择】工具栏中将"相切曲线"修改为"单条曲线"，再进行选择，具体操作方法可以参考视频。

（3）选择菜单栏中的【插入】/【网格曲面】/【通过曲线组】命令，或者单击【曲面】工具栏中的【通过曲线组】按钮，弹出【通过曲线组】对话框，选择两条曲线作为曲面的截面线串，在【连续性】选项栏中取消选中【全部应用】复选框，并设置【第一截面】为"G0（位置）"，【最后截面】为"G1（相切）"，选择步骤（2）中创建的曲面作为相切对象。【补片类型】为"单个"，单击【确定】按钮，完成创建，具体流程如图8-5所示。

选择主线串

选择交叉线串

图 8-4　创建曲线网格曲面

【通过曲线组】对话框

1. 选取第一个截面线串

2. 选取第二个截面线串

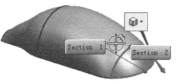

3. 选取相切曲面对象

4. 单击【确定】按钮，完成创建

图 8-5　创建曲线组曲面

（4）使用【缝合】工具将两个曲面整合成一个曲面，选择菜单栏中的【插入】/【组合】/【缝合】命令，或者单击【特征】工具栏中的【缝合】按钮，在弹出的【缝合】对话框中依次选择刚创建的两个曲面作为目标片体与工具片体，缝合结果如图 8-6 所示。

【缝合】对话框

图 8-6　缝合片体

（5）使生成的曲面加厚成体。选择菜单栏中的【插入】/【偏置/缩放】/【加厚】命令，或者单击【特征】工具栏中的【加厚】按钮，在弹出的【加厚】对话框中选择缝合后的片体，选择需要加厚的片体，设置【偏置 1】为 0mm，【偏置 2】为 1mm，单击【确定】按钮，完成创建，如图 8-7 所示。

【加厚】对话框

1. 选取加厚对象片体，设置加厚参数

2. 片体加厚效果

图 8-7　片体加厚

视频教学

（6）片体厚度的增加是沿着曲面的法矢量进行的，因此在边界部分会出现不平整的现象，如图8-8所示，需要进一步修剪，这里是利用长方体裁剪的方式。

（7）单击【特征】工具栏中的【长方体】按钮■，弹出【长方体】对话框。选择默认创建长方体的方式，并利用【点构造器】指定（-1，-1，-5）为原点，长方体的【长度】、【宽度】、【高度】分别设置为48mm、22mm与5.5mm，布尔类型选择"求差"，系统自动选取创建实体作为布尔操作对象。单击【确定】按钮，完成创建。最终效果如图8-9所示。

【长方体】对话框设置

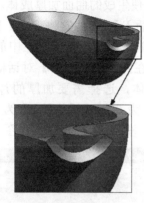

图 8-8　简单倒圆角

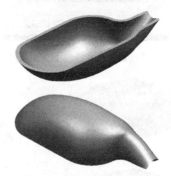

图 8-9　创建长方体

对已有的曲面进行修改，是使相关产品符合设计要求的必要操作。UG 为用户提供了强大的曲面编辑工具，以创建出风格各异的曲面。

8.2　修　剪　曲　面

UG 系统为用户提供了多种用于修剪已有曲面的方式，本节将介绍几种常用的工具。

8.2.1　等参数修剪/分割

【等参数修剪/分割】工具将以设置的 U、V 方向的百分比参数对曲面进行修剪、分割（参数小于 1）或者延伸（参数大于 1）。单击【编辑曲面】工具栏中的【等参数修剪/分割】按钮✍（若没有该按钮，需要通过【定制】命令，从【编辑】/【曲面】类型中将其拖到【编辑曲面】工具栏中），弹出【修剪/分割】对话框，如图8-10所示。

图 8-10 　【修剪/分割】对话框

1. 等参数修剪

系统将根据设定的 U、V 方向的最大值与最小值来进行曲面的修剪。其中，0%与 100%代表曲面在该方向的边界，用户可以设置 0%~100%之间或者小于 0%与大于 100%的参数作为曲面控制参数，如图 8-11 所示。

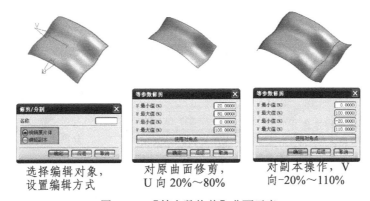

图 8-11 　【等参数修剪】曲面示意

选中【编辑原片体】单选按钮，将对原片体进行操作，选中【编辑副本】单选按钮，将先复制原片体，再针对副本进行编辑。无论是对原片体的编辑还是生成一个副本，最终的结果都是非参曲面。单击【使用对角点】按钮，将通过鼠标指定点或者由点构造器定义 UV 矩形的对角点，曲面按系统判断的 UV 方向比例进行修剪，如图 8-12 所示。

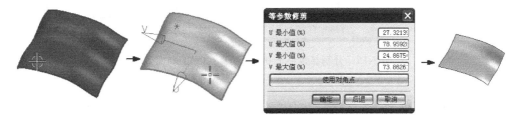

图 8-12 　【使用对角点】修剪曲面

2. 等参数分割

根据 U 或者 V 向的百分比对曲面进行分割，分割的结果是两个非参曲面。单击【等参数分割】按钮，弹出与【等参数修剪】相同的对话框，用于选择对象曲面，设置完后，弹出如图 8-13 所示的对话框。

在该对话框中可以选择从 U（U 恒定）或者 V（V 恒定）两个方向来分割片体。通过输入百分比参数、鼠标指定点或者点构造器定义分割点，如图 8-14 所示。

图 8-13　【等参数分割】对话框

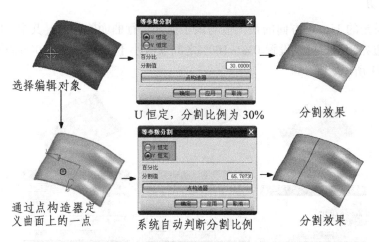

图 8-14　【等参数分割】曲面示意

设置小于 0%或者大于 100%的百分比参数，将生成该曲面对象在 U 向或 V 向上，从原始边界到百分比值所确定的边界之间的非参数曲面。如图 8-15 所示为创建 V 恒定、分割参数为－30%的曲面的操作流程。

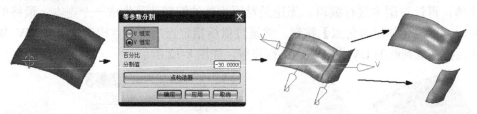

图 8-15　分割参数小于 0%与大于 100%的曲面效果

8.2.2　修剪的片体

【修剪的片体】工具使用一条边界轮廓线对曲面进行修剪。该边界线可以在曲面上，也可以在曲面外，此时系统将根据该曲线在目标曲面上的投影曲线进行修剪。选择菜单栏中的【插入】/【修剪】/【修剪的片体】命令，或者单击【特征】工具栏中的【修剪的片体】按钮，弹出【修剪的片体】对话框，如图 8-16 所示。

用户可以根据对话框中的内容，依次选取目标片体与边界对象（面、边、曲线与基准平面），再在【投影方向】与【区域】选项栏中选择相应的选项完成创建。其中，【区域】选项栏可以设定在修剪曲面时"保持"或者"舍弃"在选择片体时间接选取的区域对象；【投影方向】

共有 3 种，其具体效果如图 8-17 所示。

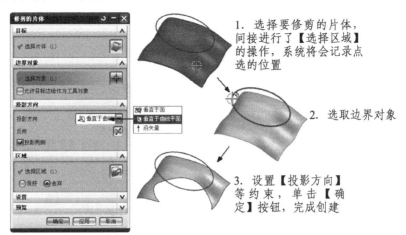

图 8-16　【修剪的片体】对话框及操作示意

◆　垂直于面：定义投影方向或者将曲面外的边界沿着曲面法向投影到该曲面上进行修剪，即曲面边界上的任意一点都能在该点矢量方向上找到边界对象上的一点。

◆　垂直于曲线平面：定义投影方向垂直于曲线所在平面。

◆　沿矢量：通过指定一个矢量作为投影方向进行边界的投影。

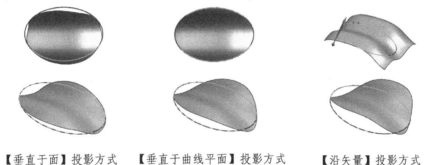

【垂直于面】投影方式　　【垂直于曲线平面】投影方式　　【沿矢量】投影方式

图 8-17　3 种投影方式示意

8.2.3　修剪和延伸

【修剪和延伸】工具通过指定的一组曲面或边来延伸或者修剪曲面对象。选择菜单栏中的【插入】/【修剪】/【修剪和延伸】命令，或者单击【曲面】工具栏中的【修剪和延伸】按钮，弹出【修剪和延伸】对话框。该对话框提供了 4 种用于创建该特征的方式：按距离、已测量百分比、直至选定对象和制作拐角。

1．按距离

该选项为系统默认的修剪和延伸方式，通过输入距离延伸边，不发生修剪。其对话框及操作流程如图 8-18 所示。

该类型中共有以下 3 种延伸方法。

视频教学

◆ 自然曲率：延伸过程中线性连续。
◆ 自然相切：延伸过程中相切连续，延伸面与原曲面边界切向呈线性关系。
◆ 镜像的：延伸面反映镜像原曲面的形状。

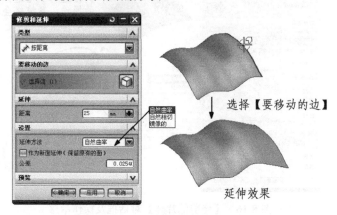

图 8-18　"按距离"延伸示意图

选中【作为新面延伸（保留原有的面）】复选框，可将原始边保留在目标面或者工具面上，输入边不受操作的影响，保持原始状态。新边缘是基于该操作的输出而创建的，且被添加为新对象，只有当为输入选择边时，该选项才有意义。

2. 已测量百分比

该选项根据选定的边界圆弧总长的百分比值来延伸一个或者多个曲面边界。其对话框及操作流程如图 8-19 所示。

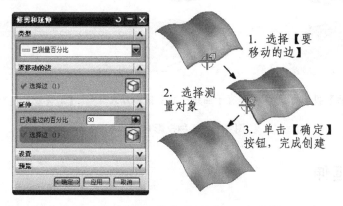

图 8-19　"已测量百分比"延伸示意图

3. 直至选定对象

该选项使用片体或者曲面边缘来修剪曲面或者实体。如果工具或者目标为边，修剪之前系统将会自动对其进行延伸。其对话框及操作流程如图 8-20 所示。

在图 8-20 中，如果选择平面作为【刀具】，系统会弹出错误提示，如图 8-21 所示。

4. 制作拐角

该选项与"直至选定对象"类似，用于修剪或者延伸编辑曲面与刀具曲面。其对话框及操作流程如图 8-22 所示。

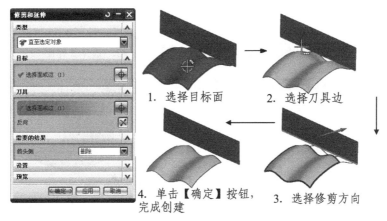

图 8-20 "直至选定对象"修剪示意图

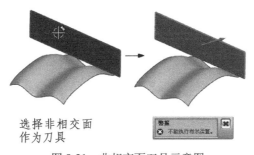

图 8-21 非相交面刀具示意图

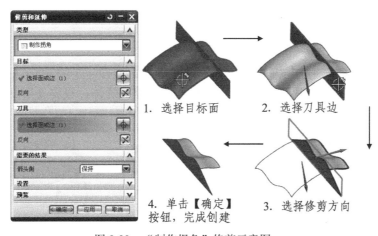

图 8-22 "制作拐角"修剪示意图

8.3 缝 合

【缝合】工具将两个或者多个连接曲面缝合成一个曲面，如果这组曲面包围一定体积，则该操作将生成一个实体，但是当片体之间的缝隙大于公差时，则只能生成一个片体。选择菜单栏中的【插入】/【组合】/【缝合】命令，或者单击【特征】工具栏中的【缝合】按钮，弹出【缝合】对话框，如图8-23所示。

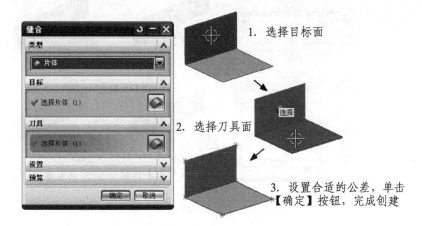

图8-23   【缝合】对话框及操作示意图

对话框中的【设置】选项栏用于设置输出片体的数目以及公差，当缝合对象之间的缝隙小于公差值时，操作能够完成；若大于公差，则需放弃操作或者重新设置一个较大的公差值。

8.4   曲面加厚

【加厚】工具用于将片体通过偏置加厚生成实体，同时与已有实体作布尔操作。

8.4.1   加厚

选择菜单栏中的【插入】/【偏置/缩放】/【加厚】命令，或者单击【特征】工具栏中的【加厚】按钮，弹出【加厚】对话框，选择需要加厚的片体，设置【厚度】及其余参数即可完成操作，如图8-24所示。

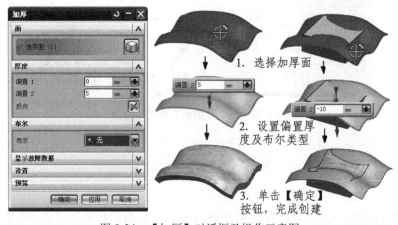

图8-24   【加厚】对话框及操作示意图

8.4.2　片体到实体助理

【片体到实体助理】工具集成了曲面缝合与曲面加厚两个功能，可以将多个曲面缝合起来进行增厚。单击【特征】工具栏中的【片体到实体助理】按钮（若没有该按钮，需要通过【定制】命令从【插入】/【偏置/缩放】类别中将其拖到【特征】工具栏中），弹出【片体到实体助理】对话框，其操作流程如图 8-25 所示。

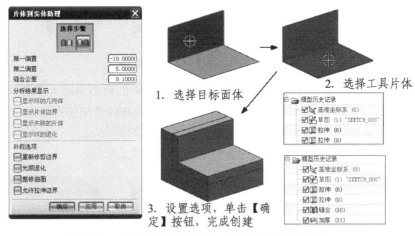

图 8-25　【片体到实体助理】对话框及操作示意图

8.5　扩　大　曲　面

【扩大】工具可以方便用户修改未裁剪片体的大小或者创建一个新的关联扩大曲面。系统将根据用户输入的百分比改变曲面边的大小。单击【编辑曲面】工具栏中的【扩大】按钮，弹出【扩大】对话框，如图 8-26 所示。

图 8-26　【扩大】对话框

创建扩大曲面的一般流程为：首先选取对象曲面，然后通过在文本框中输入扩张比例或者拖动方块手柄进行新曲面的动态预览，最后进行合适的设置，单击【确定】按钮，完成创建，如图 8-27 所示。

图 8-27　构建扩大曲面示意图

若选中对话框中的【全部】复选框，4 个边界文本框中的数值将增大或者减少相同的比例数值。【设置】选项栏中为用户提供了如下两种扩大模式，其具体效果如图 8-28 所示。

◆　线性：对象曲面在方向上保持斜率进行一定比例的扩大。
◆　自然：对象曲面将以自然方式进行一定比例的扩大。

　　　原曲面　　　　　　　　　　自然扩大模式　　　　　　　　　线性扩大模式

图 8-28　扩大模式的选择

选中【编辑副本】复选框，系统将在不删除原有曲面的情况下创建一个新的曲面。

8.6　移动定义点

【移动定义点】工具通过移动曲面上的控制点来改变曲面形状的非参数化编辑方式。单击【编辑曲面】工具栏中的【移动定义点】按钮，弹出如图 8-29 所示的【移动定义点】对话框。

图 8-29　【移动定义点】对话框

用户可在该对话框中选择是在原曲面上直接编辑还是将原曲面复制后再进行编辑。选择片体对象后单击【确定】按钮，弹出【移动点】对话框，并显示该曲面中的所有控制点，如图 8-30 所示。

【移动点】对话框中提供了以下 4 种用于移动点的方式。

◆　单个点：系统将通过各种方式移动一个点，用于改变曲面的形状，如图 8-31 所示。用户可以通过 3 个坐标方向的增量移动该点，也可以通过沿曲面该点的法向进行移动，还可以通过调用【点构造器】来创建一个新的点代替该控制点。

图 8-30　【移动点】对话框

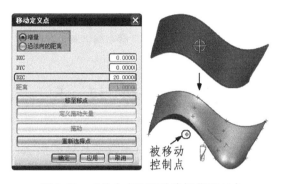

图 8-31　"单个点"移动编辑曲面方式

◆　整行（V 恒定）：系统自动判断用户选择点所在行的所有点并进行移动，如图 8-32 所示。

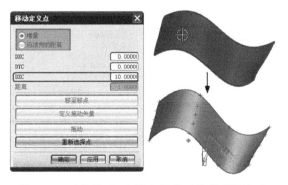

图 8-32　"整行（V 恒定）"移动编辑曲面方式

◆　整列（U 恒定）：与整行移动点的方式相同，效果如图 8-33 所示。

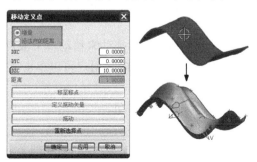

图 8-33　"整列（U 恒定）"移动编辑曲面方式

◆ 矩形阵列：用户需要依次选定两个控制点作为控制矩形的对角点，该矩形范围内的所有点都将被选中并进行移动，具体效果如图 8-34 所示。

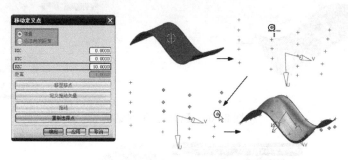

图 8-34   "矩形阵列"移动编辑曲面方式

8.7 移 动 极 点

【移动极点】工具通过移动片体对象的极点来改变片体的形状，一般用于调整通过极点创建的曲面的外形，调整后的片体对象也是非参曲面。单击【编辑曲面】工具栏中的【移动极点】按钮，在弹出的对话框中选择是否在原对象上进行编辑之后单击【确定】按钮，弹出【移动极点】对话框，如图 8-35 所示。

图 8-35   【移动极点】对话框

【移动极点】对话框中的 4 类移动的极点对象与【移动定义点】相似，不同之处在于每种极点对象的移动方式。以"单个极点"移动方式为例，选择要移动的极点，单击【确定】按钮，弹出【移动极点】对话框，如图 8-36 所示。用户可以直接输入点的相对坐标增量，或者单击【移至移点】按钮，创建一个新的点代替原有极点的方式移动该极点。这里以输入 Z 向增量 50 的方式移动极点编辑曲面，如图 8-36 所示。

另外，该对话框还提供了以下 3 种利用鼠标拖动来移动单个极点的方式。

◆ 沿定义的矢量：系统默认为沿 Z 轴方向，用户可以单击【定义拖动矢量】按钮来重新定义矢量。

◆ 沿法向：沿着曲面在该点的法向进行移动。

◆ 在切平面上：在该点的切平面内进行移动。

以上 3 种方式可以叠加使用，后一种将在前一种拖动的基础之上进行移动，如先沿法向，再在切平面上移动，则在切平面上移动时，切平面为沿法向移动后该点的切平面，如图 8-37 所示。

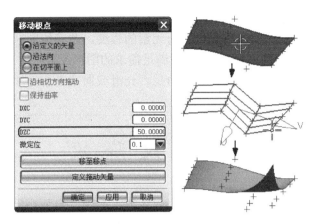

图 8-36　【移动极点】对话框及操作示意

在"整行（V 恒定）"与"整列（U 恒定）"移动方式中，用户还可以选中【沿相切方向拖动】复选框，此时选中的极点将随着拖动的鼠标沿曲面相切方向移动，使用这种方式可以进行曲面的边界延伸，如图 8-38 所示。

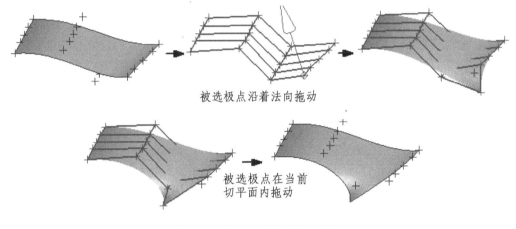

被选极点沿着法向拖动

被选极点在当前
切平面内拖动

图 8-37　拖动方式移动极点示意

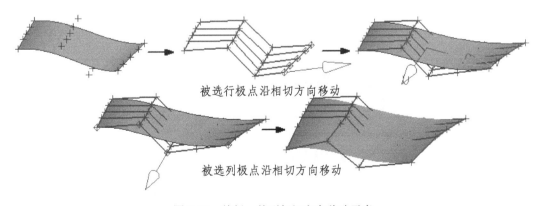

被选行极点沿相切方向移动

被选列极点沿相切方向移动

图 8-38　整行、整列相切方向移动示意

"矩形阵列"移动方式在 8.6 节中已介绍，这里不作再赘述。

除了通过移动极点进行片体的编辑之外，系统还提供了曲面分析工具。其中【偏差检查】工具用于检查一个曲线或是曲面偏离其他几何元素的程度，并在绘图区显示图形和数字化的反馈信息。通过合适的参数设置，可以生成一种满足需求的图形及数字输出方式。【截面分析】工具用来分析生成的曲面的形状和质量，如曲面是否光滑或曲率是否连续等，分析结果同偏差检查一样，通过图形的方式展现出来。

8.8 更改阶次

【更改阶次】工具用于更改片体的阶次，片体形状不变，但是补片数目会随着极点数的增加而增加。单击【编辑曲面】工具栏中的【更改阶次】按钮 x^s，在弹出的对话框中选择是否在原对象上进行编辑后，单击【确定】按钮，弹出【更改阶次】对话框，其中显示出 U、V 两个方向的阶次，用户可以直接输入新的阶次来改变片体，如图 8-39 所示。

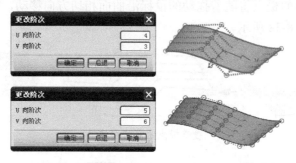

图 8-39　【更改阶次】对话框及示意图

8.9 更改刚度

【更改刚度】工具同样是通过更改阶次的方式改变刚度，与【更改阶次】工具不同之处在于，该工具只能减少阶次，极点数目不变，曲面将向控制多边形逼近。单击【编辑曲面】工具栏中的【更改刚度】按钮 ，弹出【更改刚度】对话框，其编辑过程与【更改阶次】相同，如图 8-40 所示。

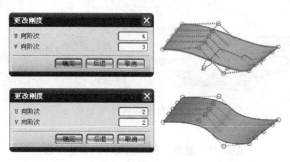

图 8-40　【更改刚度】对话框及示意图

视频教学

8.10　边　　界

【边界】工具主要用于移除片体上的孔、移除修剪与替换片体的边界，在一定程度上相当于片体的修剪。单击【编辑曲面】工具栏中的【边界】按钮，在弹出的对话框中选择是否在原片体上进行边界操作后，单击【确定】按钮，弹出【编辑片体边界】对话框，如图 8-41 所示。

图 8-41　【编辑片体边界】对话框

该对话框提供了以下 3 种编辑片体边界的工具。

◆　移除孔：将从选中片体中移除孔，实质上是移除所有生成现有曲面的特征，最终生成用户需要的目标非参片体。选择曲面对象并单击【移除孔】按钮，弹出一个警告对话框，单击【确定】按钮后选择将要移除的孔即可完成编辑，如图 8-42 所示。

图 8-42　"移除孔"编辑边界

◆　移除修剪：不仅可以移除片体上的孔，还可以将片体修剪至参数四边形的形状。选中编辑对象曲面，单击【移除修剪】按钮，在弹出的警告窗口中单击【确定】按钮，系统将自动完成该方式的编辑，如图 8-43 所示。

图 8-43　"移除修剪"编辑曲面

◆　替换边：使用片体内或者外的某条边替换片体的边。选择该方式并选择要替换的边后，弹出【编辑片体边界】对话框，用于选择替换边界方式，如图 8-44 所示。

图 8-44　【编辑片体边界】对话框

　　系统共提供了 5 种替换边的方式，这里仅以【指定平面】方式为例，来说明替换边的操作，如图 8-45 所示。

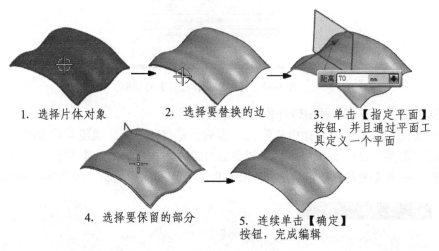

1. 选择片体对象　　　2. 选择要替换的边　　　3. 单击【指定平面】
　　　　　　　　　　　　　　　　　　　　　　　　按钮，并且通过平面工
　　　　　　　　　　　　　　　　　　　　　　　　具定义一个平面

4. 选择要保留的部分　　　5. 连续单击【确定】
　　　　　　　　　　　　　　按钮，完成编辑

图 8-45　"指定平面"替换边示意图

8.11　更　改　边

　　【更改边】工具用于通过各种方式改变 B 曲面的边缘，使其与指定的曲线或者边缘对象匹配。在 UG 中，通过网格方式创建的曲面一般都是 B 曲面，而且所有的曲面均可以通过使用【抽取】工具转化为 B 曲面。单击【编辑曲面】工具栏中的【更改边】按钮，依次选择 B 曲面与需要更改的边后，弹出如图 8-46 所示的【更改边】对话框。

图 8-46　【更改边】对话框

对话框中各选项的含义如下。

◆ 仅边：修改选中的边，使其与作为参考的体素相匹配。

◆ 边和法向：将选中的边和法向与不同的对象相匹配。

◆ 边和交叉切线：可以使选中的边和横向切矢量与不同的对象相匹配。

◆ 边和曲率：为曲面提供阶次更高的匹配，使选中的边的曲率与不同的对象相匹配，一般用于要求曲面间曲率连续的情况。

◆ 检查偏差--不：在"检查偏差--是"和"检查偏差--不"之间转换。当匹配两个用于定位和相切的自由形式体时，选择"检查偏差--是"，系统在完成边缘调整后将生成如图 8-47 所示的检查报告。

下面以"仅边"方式为例，来详细地介绍更改边的操作。在【更改边】对话框中单击【仅边】按钮，弹出如图 8-48 所示的对话框。

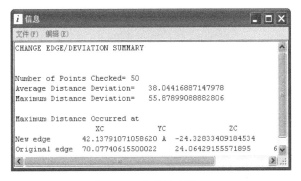

图 8-47 偏差检查结果

图 8-48 "仅边"方式更改边

【更改边】对话框中各选项介绍如下。

◆ 匹配到曲线：该选项将改变边，使其与选中的曲线的形状和位置相匹配，如图 8-49 所示。

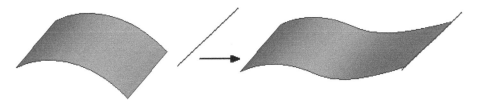

图 8-49 "匹配到曲线"示意图

◆ 匹配到边：该选项将改变边，使其与另一选中边的形状和位置相匹配，如图 8-50 所示。

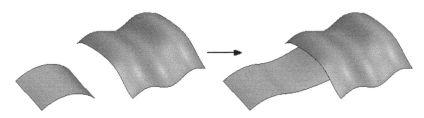

图 8-50 "匹配到边"示意图

◆ 匹配到体：该选项将改变边，使其与另一片体相匹配，如图 8-51 所示。

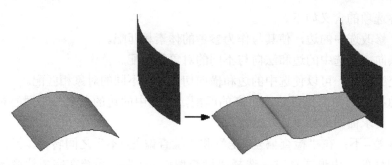

图 8-51   "匹配到体"示意图

◆   匹配到平面：该选项将改变边，使其位于指定的平面内，如图 8-52 所示。

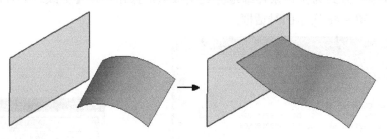

图 8-52   "匹配到平面"示意图

8.12   实例·操作——饮料瓶

饮料瓶的外形轮廓为自由曲面，其模型如图 8-53 所示。

图 8-53   饮料瓶

【思路分析】

该零件的基本骨架已经给出，运用本讲以及第 7 讲中学习到的各种曲面创建与编辑工具完成该模型的曲面建模。首先运用网格曲面工具进行饮料瓶外部的创建，然后运用回转扫掠与沿引导线的扫掠创建瓶口部分，如图 8-54 所示。

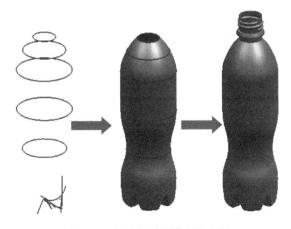

图 8-54　创建饮料瓶模型的流程

【光盘文件】

结果文件——参见附带光盘中的"END\Ch8\8-12.prt"文件。

动画演示——参见附带光盘中的"AVI\Ch8\8-12.avi"文件。

【操作步骤】

（1）单击【打开】按钮🗁，或者选择菜单栏中的【文件】/【打开】命令，打开模型 8-12.prt，如图 8-55 所示。

图 8-55　原始框架

（2）使用【扫掠曲面】工具，选择菜单栏中的【插入】/【扫掠】/【扫掠】命令，或者单击【曲面】工具栏中的【扫掠】按钮🗇，在弹出的【扫掠】对话框中分别选择如图 8-56 所示的引导线与截面线串，创建扫掠曲面。

引导线串

截面线串

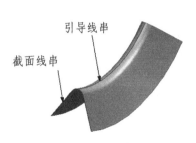

图 8-56　扫掠曲面

（3）使用【旋转】工具，选择如图 8-57 所示的曲线创建旋转曲面。旋转轴由 ZC 轴和原点确定，起始角与终止角分别为-36°和 36°。

（4）使用【修剪的片体】工具，分别利用扫掠曲面与旋转曲面相互修剪，修剪片体的结果如图 8-58 所示。

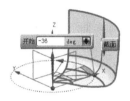

图 8-57　创建旋转曲面

图 8-58　修剪片体

（5）使用【缝合】工具，将修剪后的两个片体进行缝合，随后使用【边倒圆】工具，选择裁剪曲面的交线作为倒圆对象边，输入倒圆半径为 3mm，结果如图 8-59 所示。

图 8-59　圆角结果

（6）使用【移动对象】工具，变换方式选择"角度"，利用 ZC 轴和原点确定转动轴，输入角度为 72°，创建复制片体，连续复制 4 次，最终对原片体与复制对象进行缝合，结果如图 8-60 所示。

（7）使用【直纹面】工具，单击【曲面】工具栏中的【直纹】按钮，在弹出的【直纹】对话框中依次选取如图 8-61 所示的圆形，创建直纹面。

图 8-60　复制及缝合结果

（8）创建曲线组曲面。选择菜单栏中的【插入】/【网格曲面】/【通过曲线组】命令，或者单击【曲面】工具栏中的【通过曲线组】按钮，在弹出的【通过曲线组】对话框中依次选择如图 8-62 所示的 3 条曲线作为截面线串，并且分别选择底部的曲面与直

纹面作为边界相切对象。

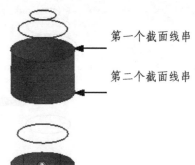

第一个截面线串

第二个截面线串

图 8-61　创建直纹面

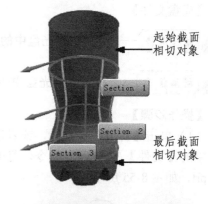

起始截面相切对象

Section 1

Section 2

最后截面相切对象

Section 3

图 8-62　创建曲线组曲面

（9）再次使用【通过曲线组】工具，在瓶体的上部创建曲面，下边界保持与直纹面相切，创建结果如图 8-63 所示。

图 8-63　再次创建曲线组曲面

（10）以 ZC-YC 平面作为草图平面，进入草图环境，绘制如图 8-64 所示的曲线。

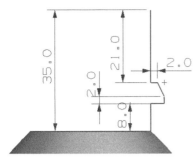

图 8-64　创建草图

（11）选择步骤（10）中创建的草图曲线作为回转对象，ZC 轴作为回转轴，创建回转曲面，如图 8-65 所示。

图 8-65　创建回转曲面

（12）单击【曲线】工具栏中的【螺旋线】按钮，或者依次选择【插入】/【曲线】/【螺旋线】命令，在弹出的【螺旋线】对话框中输入圈数为 2、螺距为 6mm、半径为 18mm，并且通过【点构造器】确定螺旋线的起始位置为（0，0，268），创建如图 8-66 所示的曲线。

（13）在螺旋线的端部创建如图 8-67 所示的圆角，圆角半径为 3mm。

（14）在螺旋线的端部创建半径为 2mm 的圆形，使用【沿引导线的扫掠】工具创建以螺旋线为引导线、圆形为截面线串的扫掠曲面，两个偏置参数均置 0，如图 8-68 所示。

图 8-66　创建螺旋线

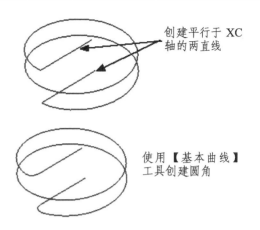

创建平行于 XC 轴的两直线

使用【基本曲线】工具创建圆角

图 8-67　创建圆角

图 8-68　创建管道

（15）再次使用【修剪的片体】工具，创建瓶口螺纹，方法与步骤（4）相同，如图 8-69 所示。

图 8-69　修剪片体

（16）调整显示，完成创建，如图 8-70 所示。

图 8-70　结果

8.13 实例·练习——旋钮

本例将创建一个旋钮的模型，具体形状如图 8-71 所示。

图 8-71 旋钮

【思路分析】

本模型由基本曲面工具创建，并结合修剪、扩大等曲面编辑工具进行细节的修饰，最终通过加厚片体来完成。

【光盘文件】

 ——参见附带光盘中的"END\Ch8\8-13.prt"文件。

——参见附带光盘中的"AVI\Ch8\8-13.avi"文件。

【操作步骤】

（1）单击【打开】按钮，或者选择菜单栏中的【文件】/【打开】命令，打开模型8-13.prt，如图 8-72 所示。

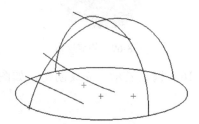

图 8-72 原始框架

（2）选择菜单栏中的【插入】/【网格曲面】/【通过曲线组】命令，或者单击【曲面】工具栏中的【通过曲线组】按钮，在弹出的【通过曲线组】对话框中依次选择如图 8-73 所示的几条曲线创建曲面。

（3）选择【插入】/【扫掠】/【扫掠】命令，在弹出的对话框中选择 YC-ZC 平面内

的圆弧作为截面线串，XC-ZC 平面内的圆弧作为引导线，创建扫掠曲面，如图 8-74 所示。

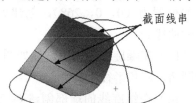

截面线串

图 8-73 创建曲线组曲面

图 8-74 创建扫掠曲面

（4）此时两个曲面的交线不封闭，可以利用扩大曲面工具对内部的曲面进行扩展，

使得两曲面能够进行裁剪。单击【编辑曲面】工具栏中的【扩大】按钮 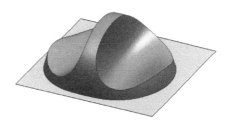，在【扩大】对话框中选择曲线组曲面作为操作对象，设置【模式】为"线性"，并通过拖动 4 个边界活动手柄使两个曲面完全相交，如图 8-75 所示。

图 8-78　修剪底部边缘

图 8-75　扩大曲面

图 8-79　缝合片体

（5）调用【镜像体】工具，创建扩大后曲面关于 YC-ZC 的镜像曲面，如图 8-76 所示。

（9）使用【边倒圆】工具对已有模型进行倒角操作，具体参数如图 8-80 所示。

圆角半径为 2mm

图 8-76　镜像曲面

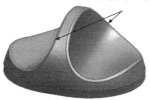

图 8-80　创建圆角

（6）调用【修剪的片体】工具，修剪片体为如图 8-77 所示的效果。

（10）加厚片体，设置【第一偏置】为 0mm、【第二偏置】为 2mm，调整显示，如图 8-81 所示。

图 8-77　修剪片体

（7）再次调用【修剪的片体】工具，利用如图 8-78 所示的平面进行修剪。

（8）对修剪后的片体底部边缘进行拉伸，沿-ZC 轴向，拉伸长度为 5 的片体，并使用【缝合】工具对各曲面进行缝合操作，如图 8-79 所示。

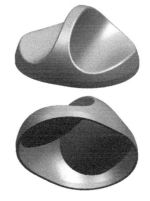

图 8-81　设计完成

第9讲 装 配

UG 中的装配建模是指将零部件进行定位、组织，从而形成具有一定功能的产品模型的过程。在装配体中对设计完成的零部件进行引用，形成关联设计，装配体会随着零部件的修改自动更新，称为自底向上装配；当设计初期无法确定某零件的具体位置与大小，需要其他组件辅助设计时，还可以在已有装配体中进行零部件的设计，称为自顶向下装配。本讲将重点介绍装配建模的相关概念、组件在装配体中的操作方式以及爆炸图的创建。

 本讲内容

- ➽ 实例·模仿——机械臂
- ➽ 装配综述
- ➽ 装配操作
- ➽ 装配爆炸图

- ➽ WAVE 技术概述
- ➽ 实例·操作——齿轮泵
- ➽ 实例·练习——曲柄滑块

9.1 实例·模仿——机械臂

本例中运用本讲将要介绍的装配工具创建机械臂的装配模型与爆炸视图，如图 9-1 所示。首先利用绝对原点方式导入第一个组件，然后利用组件之间的关联，使用装配约束工具创建约束，对其余组件进行定位，最终利用爆炸图工具创建爆炸图。

【思路分析】

该模型的几个组件主要通过销钉方式进行连接，因此采用自动中心对齐的方式进行约束，并通过平行约束调整组件位姿，最终创建爆炸视图并对每个组件的爆炸位置进行编辑。其主要创建流程如图 9-2 所示。

图 9-1　机械臂

图 9-2　创建机械臂装配图的流程

【光盘文件】

 起始文件 ——参见附带光盘中的"START\Ch9\9-1"文件夹下若干组件模型。

 结果文件 ——参见附带光盘中的"END\Ch9\9-1.prt"文件。

 动画演示 ——参见附带光盘中的"AVI\Ch9\9-1.avi"文件。

【操作步骤】

（1）单击【新建】按钮 ，或者选择菜单栏中的【文件】/【新建】命令，在弹出的【新建】对话框中选择【装配】模板，并且输入文件名 9-1.prt，确认文件路径为"D:\modl\9-1\"。将起始文件夹下的模型复制到该文件路径下。

（2）选择菜单栏中的【装配】/【组件】/【添加组件】命令，或者单击【装配】工具栏中的【添加组件】按钮 ，弹出【添加组件】对话框，在该对话框中单击【打开】按钮 ，选择 9-1 文件夹下的 arm1.prt 文件，【放置】选项栏的【定位】方式选择"绝对原点"，单击【确定】按钮，系统将在装配环境中导入机械臂底座并完成定位，如图9-3所示。

（3）再次使用【添加组件】工具，添加第二个组件 arm2.prt，【定位】方式选择"通过约束"，单击【确定】按钮，弹出【装配约束】和【组件预览】对话框，如图9-4所示。其中，【装配约束】对话框中提供了各种用于约束新加组件与已存在组件的方式；【组件预览】对话框用于预览组件并且可以选取组件的几何对象用于添加约束。

在默认文件夹中选取第一个装配组件 arm1.prt

选择"绝对原点"定位方式

图 9-3　添加机械臂底座

图 9-4　【装配约束】与【组件预览】对话框

（4）在【装配约束】对话框中选择"接触对齐"类型，并设置【方位】为"自动判断中心/轴"，再选择如图 9-5 所示的两个面，完成第一个约束的添加。

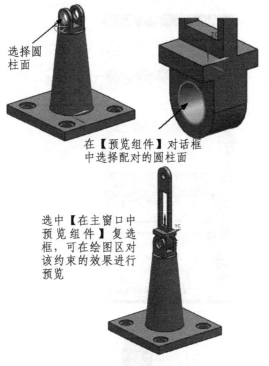

选择圆柱面

在【预览组件】对话框中选择配对的圆柱面

选中【在主窗口中预览组件】复选框，可在绘图区对该约束的效果进行预览

图 9-5　添加"自动判断中心/轴"约束

（5）分别选择 arm2 的侧面与 arm1 的底面，添加"平行"约束，结果如图 9-6 所示。

（6）添加第三个组件 arm3.prt。与第二个组件的添加方式相同，同样添加"自动判断中心/轴"约束与"平行"约束，组件的约

束操作结果如图 9-7 所示。

图 9-6　添加"平行"约束　　图 9-7　添加第三个组件

（7）调用装配的爆炸图功能。选择菜单栏中的【装配】/【爆炸图】/【新建爆炸图】命令，或者依次单击【爆炸图】工具栏图标 、【新建爆炸图】按钮 ，弹出如图 9-8 所示的【新建爆炸图】对话框，输入爆炸名 Explosion-arm-1，单击【确定】按钮。

图 9-8　【新建爆炸图】对话框

（8）单击【爆炸图】工具栏中的【编辑爆炸图】按钮 ，或者选择【装配】/【爆炸图】/【编辑爆炸图】命令，弹出【编辑爆炸图】对话框，用于编辑爆炸图，具体操作如图 9-9 所示。

单击【编辑爆炸图】按钮

选择 arm3 作为移动对象

选中【移动对象】单选按钮，拖动黄色手柄到如图所示位置

图 9-9　编辑爆炸图

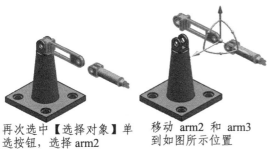

再次选中【选择对象】单
选按钮，选择 arm2

移动 arm2 和 arm3
到如图所示位置

图 9-9　编辑爆炸图（续）

（9）创建完成，保存后退出。最终结果

如图 9-10 所示。

图 9-10　创建完成

9.2　装　配　综　述

装配模块是 UG 的重要组成部分，方便用户进行部件的装配设计、装配关联中各部件的建模以及装配图纸明细表的生成。新建模型时，选择【装配】类型或者在进入建模环境后单击【开始】按钮，选择【装配】选项，均可调出【装配】工具栏，常用的装配功能如图 9-11 所示。

图 9-11　【装配】工具栏

下面依次介绍各按钮的含义。

◆ 　（查找组件）：使用任何全局属性定义组件，关联控制下拉菜单中包括设置工作部件以及查找、打开组件等常规操作。

◆ 　（添加组件）：通过选择已加载部件或者从磁盘中选择部件，将组件添加到装配，组件下拉菜单中包括新建父对象、镜像装配等功能。

◆ 　（移动组件）：重定位装配中的组件，其后组件位置下拉菜单中包括装配约束、记住装配约束等功能。

◆ 　（装配约束）：通过指定约束关系，相对装配中的其他组件重定位组件。

◆ 　（显示和隐藏约束）：显示和隐藏约束及使用其关系的组件。

◆ 　（编辑布置）：创建和编辑装配布置，定义备选组件位置。

◆ 　（爆炸图）：控制"爆炸图"工具条的显示，提供创建和编辑装配中组件的爆炸图的命令。

◆ 　（装配序列）：打开"装配次序"任务环境以控制组件装配或者拆卸顺序，并仿真组件运动。

◆ 　（WAVE 几何链接器）：用于将装配体中的其他部件的几何对象复制到工作部件中。

◆ 　（部件间链接浏览器）：提供关于部件间链接的信息，并修改这些链接。

◆ 　（关系浏览器）：提供有关部件间链接的图形信息。

9.2.1　装配基本术语

下面介绍一些在装配过程中常用的术语。

- ◆ 装配部件：装配表示一个产品的零部件以及子装配体构成的集合。在 UG 中，可以向任何一个 part 文件添加部件构成装配，因此任何一个 part 文件都可以作为装配部件。在 UG 装配学习中，不必严格区分零件和部件。需要注意的是，当存储一个装配时，各部件的实际几何数据并不是存储在装配部件文件中，而是存储在相应的部件或零件文件中。
- ◆ 子装配：在高一级装配中被用作虚拟组件进行装配，子装配也拥有自己的组件，由其他低级的零部件组成。子装配是一个相对的概念，任何一个装配部件都可在更高级装配中用作子装配。
- ◆ 组件部件：是指装配中的组件指向的部件文件或零件，即装配部件链接到部件主模型的指针实体，含有组件实际几何对象的文件称为组件部件。
- ◆ 组件：是指按特定位置和方向在装配中使用的部件。组件可以是由其他较低级别的组件组成的子装配或者单个零件。在修改组件的几何体时，会话中使用相同主几何体的所有其他组件将自动更新。
- ◆ 自顶向下装配：是指在上下文中进行装配，即在装配部件的顶级向下产生子装配和零件的装配方法。先在装配结构树的顶部生成一个装配，然后下移一层，生成子装配和组件。
- ◆ 自底向上装配：是指先创建部件的几何模型，再组合成子装配，最后生成装配部件的装配方法。
- ◆ 混合装配：是将自顶向下装配和自底向上装配结合在一起的装配方法。
- ◆ 上下文设计：装配体中的任何部件都可以作为工作部件，在工作部件中可以添加或者删除几何体，也可以对其参数进行修改，工作部件以外的几何体可以作为建模操作的参考，这种直接修改装配中所显示的部件的功能称为上下文设计。
- ◆ 配对条件：装配过程中确定某个零件的位置的约束条件。
- ◆ 引用集：为控制或者自定义零件在装配文件中的显示而产生的一个集合操作，类似于零件设计中的图层。

9.2.2　装配导航器

装配导航器是一种装配结构的图形显示界面，类似于树结构，因此又称为装配树。在装配树形结构中，每个组件作为一个节点显示。使用装配导航器能够反映装配中各个组件的装配关系，并且可以让用户快速便捷地选取和操作各个部件。例如，用户可以在装配导航器中改变显示部件和工作部件、隐藏和显示组件、替换引用集、删除组件和重定位组件等。

单击资源导航条中的【装配导航器】按钮，弹出如图 9-12 所示的【装配导航器】窗口。

右击节点组件或者【装配导航器】窗口的空白处，弹出如图 9-13 所示的组件操作快捷菜单与装配操作快捷菜单。

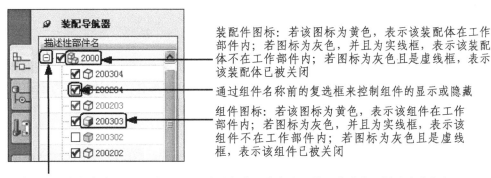

装配件图标：若该图标为黄色，表示该装配体在工作
部件内；若图标为灰色，并且为实线框，表示该装配
体不在工作部件内；若图标为灰色且是虚线框，表示
该装配体已被关闭

通过组件名称前的复选框来控制组件的显示或隐藏

组件图标：若该图标为黄色，表示该组件在工作部
件内；若图标为灰色，并且为实线框，表示该
组件不在工作部件内；若图标为灰色且是虚线
框，表示该组件已被关闭

通过单击装配体名称前的 "−" 或者 "+" 来控制装配体或者子装配体的装配树的隐藏或者显示

图 9-12　【装配导航器】窗口

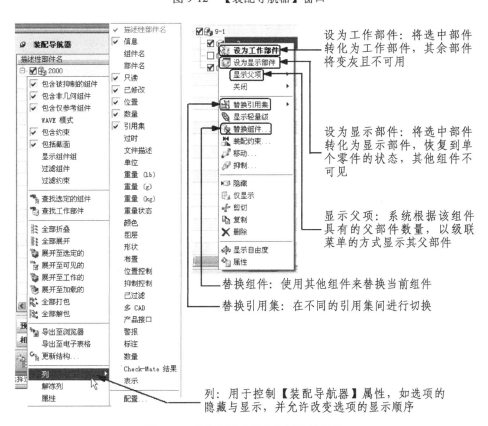

设为工作部件：将选中部件
转化为工作部件，其余部件
将变灰且不可用

设为显示部件：将选中部件
转化为显示部件，恢复到单
个零件的状态，其他组件不
可见

显示父项：系统根据该组件
具有的父部件数量，以级联
菜单的方式显示其父部件

替换组件：使用其他组件来替换当前组件

替换引用集：在不同的引用集间进行切换

列：用于控制【装配导航器】属性，如选项的
隐藏与显示，并允许改变选项的显示顺序

图 9-13　【装配导航器】右键快捷菜单

9.3　装　配　操　作

　　产品的装配模型是由单个部件或者子装配体进行装配得到的，这些对象添加到装配体中需
要利用各种约束进行定位，装配操作工具能够满足用户对各组件添加约束的需求。

视频教学

9.3.1 创建组件

UG 中的装配有两种方式，一种是将所有的组件设计好，然后将组件添加到装配体中，称为自底向上的装配方式；另一种是在装配体中边装配边进行零部件的设计，称为自顶向下的装配方式。

1. 自底向上装配方式

自底向上装配是指先设计好装配中的部件，再将该部件的几何模型添加到装配中。所创建的装配体将按照组件、子装配体和总装配的顺序进行排列，并利用关联约束条件进行逐级装配，最后完成总装配模型。该方式在实际应用中被广泛应用，很多产品的设计均采用该装配建模方式。

选择菜单栏中的【装配】/【组件】/【添加组件】命令，或者单击【装配】工具栏中的【添加组件】按钮，弹出【添加组件】对话框，如图 9-14 所示。

图 9-14 【添加组件】对话框与【组件预览】窗口

对话框中提供了以下 4 种用于加载组件的方式。

◆ 选择部件：在绘图区选择组件进行加载。

◆ 已加载的部件：在列表框中通过选择当前系统已加载部件名称进行装配操作。

◆ 最近访问的部件：在列表框中选择最近访问的部件进行装配操作。

◆ 打开：直接通过文件对话框进行选取部件的操作。

【放置】选项栏中有以下 4 种定位方式。

◆ 绝对原点：系统将组件放置到当前的绝对坐标系原点。组件坐标与当前坐标重合。

◆ 选择原点：系统通过调用【点构造器】在当前工作对象内指定将要操作组件的坐标系原点。

◆ 通过约束：将对组件通过各种约束定位的方式进行添加。选择该方式，单击【确定】按钮后，弹出【装配约束】对话框，用户可以根据需要对装配组件进行约束的添加。

◆ 移动：将组件添加进装配体中后，进行重新定位。选择该方式，单击【确定】按钮后，弹出【点构造器】用于确定组件的导入原点，随后弹出如图 9-15 所示的【移动组件】对话框，用户可根据需要对活动组件进行移动操作。其中，系统默认为"动态"运动方式，用户可以随意拖动动态坐标手柄，或者在绘图区点选进行组件的移动，当选中【只移动手柄】复选框后，组件不会随着坐标的移动而移动。其余方式较为简单，这里不作介绍。

【复制】选项栏用于设置是否添加多个组件。选择【添加后重复】选项，添加完一个组件后，再次打开相应对话框，无须重复操作；选择【添加后生成阵列】选项，添加完一个组件后，弹出【创建组件阵列】对话框，用于创建已有组件阵列。

【设置】选项栏用于设置组件的名称、引用集以及图层。当同一组件在装配体中有不同位置的引用时，可以通过设置每一个组件的名称加以区别。引用集的概念将在后续章节中进行介绍。

2. 自顶向下装配方式

自顶向下装配建模是在装配上下文中建立新组件的方法，也是目前最为流行的设计方式。设计过程中显示部件为装配部件，工作部件为装配中的组件，所做的工作发生在工作部件上，而不是在装配部件上，利用链接关系，建立其他部件到工作部件的关联。利用这些关联，可链接复制其他部件的几何对象到当前部件中，从而生成几何体。其思路为从产品的设计到零件的设计。

自顶向下装配方式共两种：一种为在装配中建立几何模型（草图、曲线、实体等），然后建立新组件，并把几何模型加入到新建组件中；另一种为在装配中建立一个新组件，该组件为不包含任何几何对象的空组件，然后使其成为工作部件，再在其中建立几何模型。

选择菜单栏中的【装配】/【组件】/【新建组件】命令，或者单击【新建组件】按钮 ，弹出【新组件文件】对话框，用于确定模型类型、名称以及文件路径。单击【确定】按钮，弹出如图 9-16 所示的【新建组件】对话框。

若用户打开的是含几何体的文件或者在当前文件中已创建几何体，则可以选择该几何体作为对象添加到新建的组件文件中。如果用户在空文件中创建组件，则不需要选择对象，直接进行组件的属性设置，即可进入新组件环境中，此时，有以下两种创建新组件的方式。

◆ 直接建立几何对象：如果不要求组件间有任何关联，则可以选择该方式创建几何体。

◆ 建立关联几何对象：当新组件与装配体中的其他组件有关联时，则可以选择该方式在组件间建立链接关系。保持显示部件不变，使新组件成为工作部件，使用【装配】工具栏的【WAVE 几何链接器】工具，即可选择其他组件的几何对象链接到当前工作部件中。

图 9-15 【移动组件】对话框

图 9-16 【新建组件】对话框

9.3.2 装配约束

装配约束用于控制选中组件与装配体中已有组件的位置约束关系。在定义装配约束时，系统将在绘图区自动显示已添加的装配约束，【装配导航器】中也会相应地增加约束结点。选择菜单栏中的【装配】/【组件位置】/【装配约束】命令，或者单击【装配】工具栏中的【装配约束】按钮，弹出【装配约束】对话框，如图 9-17 所示。添加组件后，同样会弹出该对话框。

图 9-17 【装配约束】对话框

系统共提供了 10 种装配约束，下面将对其中主要的 7 种装配约束作详细介绍。

1. 接触对齐

该方式是默认的装配约束形式，共有以下 3 种形式。

◆ 接触：使两个同样类型的对象面以法向相反的方式接触。对于平面，两个平面的法向相反也最终处于同一平面内；对于圆锥面，系统将先检查其角度是否相等，若相等，则对齐其轴线；对于环形曲面，系统同样将先检查两个面的内、外直径是否相等，若相等则对齐两个面的轴线与位置；对于圆柱面，则要求两圆柱面直径相等；对于边或者直线系统，将使两对象重合。

◆ 对齐：与接触方式类似，两个对象的法向相同且共面，如图 9-18 所示。

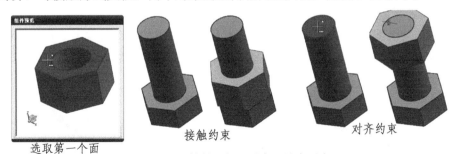

图 9-18 "接触"与"对齐"约束示意

◆ 自动判断中心/轴：对齐具有圆柱、圆锥、圆环面等回转属性的对象，使其轴线保持一致，如图 9-19 所示。

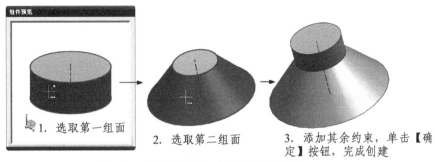

图 9-19 "自动判断中心/轴"约束示意

2．同心

该约束方式将组件的装配对象定位到基础组件一个对象的中心上。若是两端圆弧边界线，则其共面且同心。

3．角度

该约束方式将定义两个组件之间的角度。所定义的角度为两组具有方向矢量的对象的夹角，并允许定义不同类型对象之间的夹角，如图 9-20 所示。

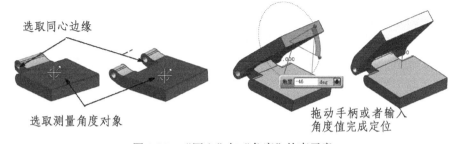

图 9-20 "同心"与"角度"约束示意

4．中心

该约束方式用于约束两组件装配对象的中心对齐。共有如下 3 种约束方式，其具体效果如

图 9-21 所示。

◆ 1 至 2：用于将装配对象中的一个对象定位到基础组件两个对象的对称中心上，其中一个对象必须是圆柱或者轴对称实体。

◆ 2 至 1：将装配对象中的两个对象定位到基础组件中的一个对象上，并与其对称。

◆ 2 至 2：将装配组件中的两个对象与基础组件中的两个对象成对称布置。

1 至 2　　　　　　2 至 1　　　　　　2 至 2

图 9-21　"中心"约束示意

5．距离

该约束方式用于定义两个组件的装配对象之间的最小三维距离，距离的正负值用于确定装配对象在目标对象的哪一边。

6．平行

该约束方式使得两组件的装配对象方向矢量彼此平行。

7．垂直

该约束方式使得两组件的装配对象方向矢量彼此垂直，如图 9-22 所示。

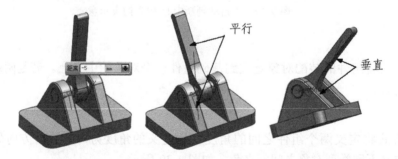

图 9-22　"距离"、"平行"及"垂直"约束示意

当添加装配约束后仍无法满足用户需要时，可以使用【移动组件】工具对组件的位置进行调整。选择菜单栏中的【装配】/【组件】/【移动组件】命令，或者单击【装配】工具栏中的【移动组件】按钮 ，弹出【移动组件】对话框，具体的移动方式在 9.2 节中已介绍，这里不再赘述。

9.3.3　组件阵列

在实际装配过程中常常会遇到螺钉等紧固件的装配，其装配母体常常是带有矩形或者圆形阵列孔特征的对象，为此 UG 系统为用户提供了能够利用组件的几何属性快速生成多个规律组件的方式，而不必采用常规方式为每一个组件添加装配约束。

选择菜单栏中的【装配】/【组件】/【创建组件阵列】命令，或者在【装配】工具栏中单击【创建组件阵列】按钮，在弹出的【类选择器】对话框中选择需要创建阵列的组件对象后，弹出如图 9-23 所示的【创建组件阵列】对话框。同样在组件添加操作中，在【添加组件】对话框中的【复制】选项栏中选择"添加后生成阵列"并成功添加组件后也会弹出【创建组件阵列】对话框。

图 9-23 【创建组件阵列】对话框

系统为用户提供了以下 3 种创建组件阵列的方式。

◆ 从实例特征：根据被选组件的装配约束生成各阵列组件的约束。若放置阵列的组件发生变化，关联组件也将随之改变。被选组件需要有相关联的装配约束。

◆ 线性：线性阵列分为一维与二维阵列，又称为线性阵列与矩形阵列。产生的阵列只与基础组件有关，与模板组件无关。选择该选项后，弹出【创建线性阵列】对话框，如图 9-24 所示。该对话框提供了 4 种确定阵列方向的方式，分别为面的法向（选取与放置面垂直的两个面来定义阵列方向）、基准平面法向（选取与放置面垂直的两个基准平面来定义阵列的方向）、边（选取与放置面共面的边来定义阵列方向，这里选择该方式创建组件阵列）和基准轴（通过选取与放置面的共面基准轴来定义阵列方向）。

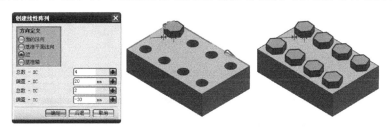

图 9-24 【创建线性阵列】对话框及示意图

◆ 圆形：将对象沿轴线进行圆周均匀阵列操作。选择该方式，弹出如图 9-25 所示的对话框，该对话框提供了 3 种确定圆周阵列轴线的方式，分别为圆柱面（通过一个与放置面垂直的圆周面确定阵列轴线）、边（通过放置面上的边线或者与之平行的边线来定义均匀分布的对象）和基准轴（通过指定基准轴来定义阵列对象）。

图 9-25 【创建圆形阵列】对话框及示意图

9.3.4　引用集

在装配体中，由于各部件中含有草图、基准平面及其他辅助图形数据，若要显示装配中各部件和子装配的所有数据，一方面容易混淆图形，另一方面由于引用零件的所有数据，需要占用大量内存，因此不利于装配工作的进行。通过引用集，可以减少这类混淆，提高机器效率。

引用集是在组件部件中定义或命名的数据子集或数据组，可以代表相应的组件部件装入装配。引用集包含部件名称、原点和方位、几何对象、坐标系、基准、图样体素和属性等数据。

组件与子装配均可以创建引用集，组件引用集既可以在组件中也可以在装配中创建。如果要在装配中为某部件创建引用集，则需要将该组件转化为工作部件，弹出的【引用集】对话框将增加一个引用集名称。

选择菜单栏中的【格式】/【引用集】命令，弹出【引用集】对话框，如图9-26所示。

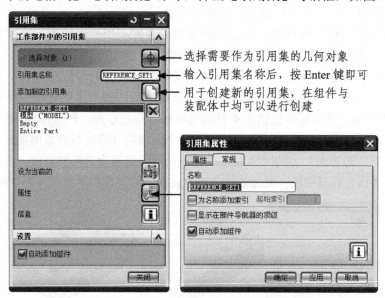

图9-26　【引用集】和【引用集属性】对话框

在系统默认状态下，每个装配件都有两个引用集：全集（Entire Part）和空集（Empty）。全集表示整个部件，即引用部件的全部几何数据。在添加部件到装配时，如果不选择其他引用集，将默认使用全集；空集是不含任何几何数据的引用集，当部件以空集形式添加到装配中时，装配中看不到该部件。如果部件的几何对象不需要在装配模型中显示，可使用空集，以提高显示速度。

单击对话框中的⊠按钮，可以删除列表中所选的引用集；单击【属性】按钮，即可在弹出的对话框中对引用集的属性进行编辑；【信息】按钮用于查看当前组件中已存在的引用集的相关信息。

引用集创建完成后，在装配体导航器中右击相应组件，在弹出的快捷菜单中选择【替换引用集】命令，即可在弹出的二级菜单中选择相应的引用集，装配体将引用组件中的不同对象，如图9-27所示。

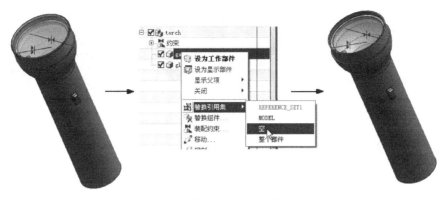

图 9-27　"替换引用集"操作示意图

9.4　装配爆炸图

爆炸图是将装配模型中的组件按照装配关系偏离原来位置的拆分图形，在本质上也是一个视图，与其他用户定义的视图一样，一旦定义就可以添加到其他图形中。爆炸图与显示部件相关联，并存储在显示部件中。用户可以在任何视图中显示爆炸图形，并对该图形进行操作，该操作也将同时影响到非爆炸图中的组件。

9.4.1　创建爆炸图

完成部件装配后，可通过建立爆炸图来表示装配体内各组件的相对位置关系。选择菜单栏中的【装配】/【爆炸图】/【新建爆炸图】命令，或者依次单击【爆炸图】工具栏图标、【创建爆炸图】按钮，弹出【新建爆炸图】对话框，用于设置爆炸图的名称，输入名称后，系统将激活【爆炸图】工具栏中的其余按钮，如图 9-28 所示。

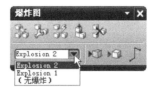

图 9-28　【新建爆炸图】对话框与【爆炸图】工具栏

新建爆炸图后，视图并没有变化，需要将组件炸开。系统中组件的爆炸方式为自动爆炸，即基于组件的关系，沿表面的正交方向自动爆炸组件。单击【爆炸图】工具栏中的【自动爆炸组件】按钮，或者选择【装配】/【爆炸图】/【自动爆炸组件】命令，弹出【类选择】对话框，选择需要爆炸的组件后，弹出【自动爆炸组件】对话框。自动爆炸时组件的移动方向由用户输入的距离的正负值决定，如图 9-29 所示。

图 9-29 自动爆炸示意

【自动爆炸组件】对话框中的【添加间隙】复选框用于控制自动爆炸的方向。选中该复选框，则指定的距离为组件相对于关联组件移动的相对距离。若取消选中该复选框，则指定的距离为绝对距离。

9.4.2 编辑爆炸图

采用自动爆炸方式生成的爆炸图往往无法满足用户的需求，就需要对爆炸组件的位置进行编辑。爆炸图的编辑可以针对选取组件输入分离参数，或者对已有爆炸图中的组件修改分离参数。如果选择的为子部件，则其所有组件都将被选中，用户需自己设置取消某个节点。

单击【爆炸图】工具栏中的【编辑爆炸图】按钮 ，或者选择【装配】/【爆炸图】/【编辑爆炸图】命令，弹出【编辑爆炸图】对话框，如图 9-30 所示，用户可根据需要对组件进行调整。

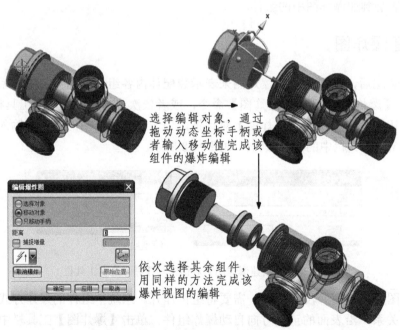

图 9-30 【编辑爆炸图】对话框及操作示意图

其中，当拖动绿色三角手柄时，对话框中显示的是【距离】文本框，当拖动绿色球状手柄时，对话框中将显示【旋转】文本框。【捕捉增量】文本框用于设置每次拖动手柄所移动的最小距离或者角度。

9.4.3 爆炸图的操作

在利用自动爆炸功能与手动编辑爆炸视图后，为了满足用户针对爆炸图的其他需求，系统还提供了一些常用的爆炸图操作功能。

1. 取消爆炸组件

单击【爆炸图】工具栏中的【取消爆炸组件】按钮🔧，或者选择【装配】/【爆炸图】/【取消爆炸组件】命令，弹出【类选择】对话框，选择需要复位的组件后，系统将移动该组件至原位。

2. 切换爆炸图

若设置了多个爆炸图，则可以在【爆炸图】工具栏的下拉列表框中进行选择，其中包含正在编辑的与已经创建的爆炸图名称，还包括【无爆炸】选项，如图 9-31 所示。

原爆炸图　　　　　　　取消选定爆炸组件　　　　　切换到【无爆炸】视图

图 9-31　【取消爆炸组件】与【切换爆炸图】示意图

3. 删除爆炸图

单击【爆炸图】工具栏中的【删除爆炸图】按钮✖，或者选择【装配】/【爆炸图】/【删除爆炸图】命令，弹出【删除爆炸图】对话框，其中列出了装配体中所有的爆炸图名称，在列表中选择需要删除的爆炸图即可完成操作。如果要删除视图中显示为"无"的爆炸图，需要先将其复位，切换至【无爆炸】状态。

4. 隐藏组件与显示组件

隐藏组件是指将当前绘图区的组件隐藏。单击【爆炸图】工具栏中的【隐藏视图中的组件】按钮🔳，在弹出的对话框中选择需要隐藏的组件即可完成操作，如图 9-32 所示。

图 9-32　【隐藏视图中的组件】对话框及示意图

单击【爆炸图】工具栏中的【显示视图中的组件】按钮🔳，在弹出的对话框的列表框中显示所有被隐藏的组件，选择需要显示的组件后，单击【确定】按钮，系统即将所选组件重新显示在绘图区中，如图 9-33 所示。

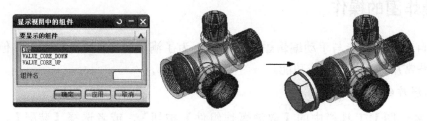

图 9-33　【显示视图中的组件】对话框及示意图

5. 创建追踪线

该功能将创建一条用于表示爆炸组件装配路径的跟踪线，跟踪线只能在创建它的爆炸图中显示，一旦关闭该爆炸图，追踪线也将消失，再次切换到该装配图时追踪线将显示。单击【爆炸图】工具栏中的【创建追踪线】按钮 ，弹出【追踪线】对话框，选择组件的起始与终止位置参考点并确定起始与终止方向，系统将自动创建平行于坐标轴的追踪线。

选择已创建追踪线后，单击【创建追踪线】按钮，或者双击该追踪线，可以在弹出的对话框中对追踪线进行编辑。创建追踪线的流程如图 9-34 所示。

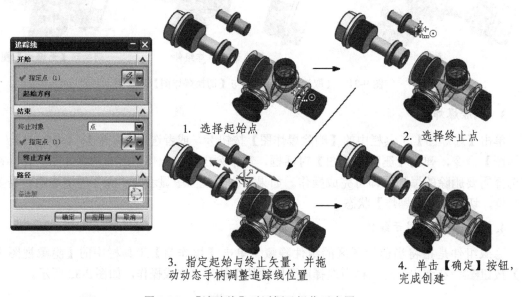

图 9-34　【追踪线】对话框及操作示意图

9.5　WAVE 技术概述

WAVE（What if Alternative Value Engineering）是一种实现产品装配的各组件间关联建模的技术，能够方便地建立层次树状结构的产品模型。该技术起源于车身设计，采用关联性复制几何体方法来控制总体装配结构（在不同的组件之间关联性复制几何体），从而保证整个装配和零部件的参数关联性，最适合于复杂产品的几何界面相关性、产品系列化和变型产品的快速设计。

　　WAVE 几何链接器是最常用的 WAVE 工具，主要用于组件之间关联性复制几何体，一般来讲，关联性复制几何体可以在任意两个组件之间进行。WAVE 几何链接器与抽取几何体功能相似，但是抽取几何体是在同一个 Part 文件中进行几何体的关联性复制；而 WAVE 几何链接器是在两个不同的 Part 文件中关联性复制几何体。调用几何链接器的方法是：保持显示组件不变，改变工作组件到新组件，然后在【装配】工具栏中单击【WAVE 几何链接器】按钮，弹出如图 9-35 所示的对话框。

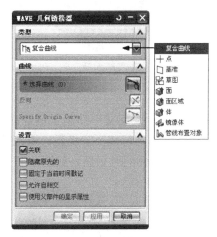

图 9-35　【WAVE 几何链接器】对话框

　　该对话框中提供了以下 9 种类型的链接几何体选项，对于不同的对象，对话框中部的内容也会不同。

◆　复合曲线：该选项将建立关联性曲线。从其他组件上选择线或者边缘后，单击【应用】按钮，所选线或者边缘将链接到工作部件中。

◆　点：该选项将建立关联性点。在其他组件上选择点后，单击【应用】按钮，所选点或者由所选点连成的曲线将链接到工作部件中。

◆　基准：该选项将建立关联性基准平面或者基准轴。从其他组件中选择相应的基准，单击【应用】按钮，所选的基准将链接到工作部件中。

◆　草图：该选项将建立链接草图。在其他部件中选取草图，单击【应用】按钮，所选草图将链接到工作部件中。

◆　面：该选项将建立链接面。共有 4 种面的选取方式，分别为面链、单个面、相邻面、体的面。根据需要进行选择后，单击【应用】按钮，所选面将链接到工作部件中。

◆　面区域：该选项将建立链接区域。选择【种子面】与【边界面】后，单击【应用】按钮，边界面所包围区域将链接到工作部件中。

◆　体：该选项将建立链接实体。从其他组件中选择实体后，单击【应用】按钮，该实体将链接到工作部件中。

◆　镜像体：该选项将建立链接镜像实体。分别选择实体与镜像平面后，单击【应用】按钮，所选实体将以镜像的方式链接到工作部件中。

◆　管线布置对象：该选项将建立链接布线对象。选择其他组件上的布线对象后，单击【应用】按钮，该管道物体将链接到工作部件中。

【设置】选项栏中的【关联】复选框用于设置几何链接对象与父对象之间的关联性，如图 9-36 所示。

通过链接曲线生成的特征

链接曲线　　　　　　　链接对象关联　　　　　　链接对象非关联

图 9-36　链接关联性示意图

【固定于当前时间戳记】复选框用于控制父零件到子零件的链接跟踪。选中该复选框，如果原几何体由于增加特征而变化，复制的几何体不会更新；取消选中该复选框（默认），如果原几何体由于增加特征而变化，复制的几何体同时更新，如图 9-37 所示。

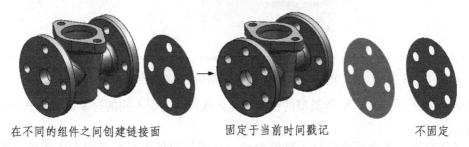

在不同的组件之间创建链接面　　　　固定于当前时间戳记　　　　不固定

图 9-37　固定于当前时间戳记示意图

9.6　实例·操作——齿轮泵

外啮合双齿轮泵依靠泵体与啮合齿轮间所形成的工作容积变化来输送液体，其装配爆炸图如图 9-38 所示。

图 9-38　齿轮泵的装配爆炸图

【思路分析】

该装配模型将泵体作为固定的组件，将其余组件依照装配顺序依次导入并添加约束，最终通过装配图工具创建其装配图。其创建流程如图 9-39 所示。

图 9-39　齿轮泵组件的创建流程

【光盘文件】

结果文件——参见附带光盘中的"END\Ch9\9-6.prt"文件。

动画演示——参见附带光盘中的"AVI\Ch9\9-6.avi"文件。

【操作步骤】

（1）单击【新建】按钮，或者选择菜单栏中的【文件】/【新建】命令，在弹出的【新建】对话框中选择【装配】模板，确认文件路径为"D:\modl\9-6\"，输入文件名 9-6.prt。

（2）选择菜单栏中的【装配】/【组件】/【添加组件】命令，或者单击【装配】工具栏中的【添加组件】按钮，弹出【添加组件】对话框，在对话框中单击【打开】按钮，选择 9-6 文件夹下的 bengti.prt 文件，【放置】选项栏中的【定位】方式选择"绝对原点"，单击【确定】按钮，系统将在装配环境中导入机械臂底座并完成定位，如图 9-40 所示。

图 9-40　添加泵体

（3）添加短齿轮轴，再次使用【添加组件】工具，添加组件 duanchilunzhou.prt，【定位】方式选择"通过约束"，单击【确定】按钮，弹出【装配约束】和【组件预览】对话框，操作流程如图 9-41 所示。

选择泵体与齿轮的两个接触面，添加"接触"约束

利用"自动判断中心/轴"方式约束泵体轴孔与齿轮轴圆柱面

图 9-41　添加短齿轮轴

（4）添加长齿轮轴 chilunzhou.prt，添加

与短齿轮同样的约束方式，如图 9-42 所示。

图 9-42　添加长齿轮轴

（5）添加泵盖，选择"通过约束"方式添加 benggai.prt 组件，分别利用"接触"与"自动判断中心/轴"方式对新组件加以约束，如图 9-43 所示。

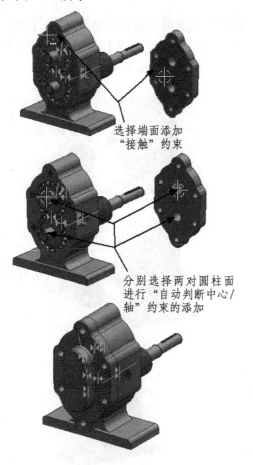

选择端面添加"接触"约束

分别选择两对圆柱面进行"自动判断中心/轴"约束的添加

图 9-43　添加端盖

（6）选择"接触"与"自动判断中心/轴"方式添加螺钉，如图 9-44 所示。

图 9-44　添加螺钉

（7）添加填料压盖组件，选择"通过约束"方式添加 tianliaoyagai.prt，分别利用"接触"与"自动判断中心/轴"方式对新组件加以约束，如图 9-45 所示。

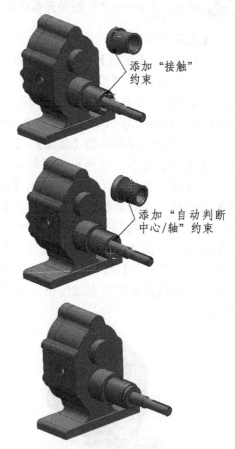

添加"接触"约束

添加"自动判断中心/轴"约束

图 9-45　添加填料压盖组件

（8）添加压盖螺母，添加方式与前面几个组件的方法相同，添加"接触"与"自动判断中心/轴"约束，结果如图 9-46 所示，至此，齿轮泵的装配模型创建完毕。

图 9-46　添加压盖螺母组件

（9）创建齿轮泵的爆炸图，选择菜单栏中的【装配】/【爆炸图】/【新建爆炸】命令，或者依次单击【爆炸图】工具栏图标、【创建爆炸图】按钮，在弹出的【新建爆炸图】对话框中设置爆炸图名称，如图 9-47 所示。

单击【爆炸图】按钮

单击【新建爆炸图】按钮

输入爆炸图名称

图 9-47　创建爆炸图

（10）使用【自动爆炸组件】工具，选择除泵体外的所有组件，并输入爆炸距离为 50mm，结果如图 9-48 所示，可见该操作无法

获得满意的爆炸视图，需要进一步编辑。

图 9-48　创建自动爆炸组件

（11）使用【编辑爆炸图】工具对已创建的自动爆炸图进行编辑，使得图 9-49 中所示螺钉、泵盖、齿轮、泵体之间的距离均为 50mm。

图 9-49　编辑爆炸图

（12）再次调用编辑爆炸图功能，使得压盖螺母、填料压盖、泵体之间的距离也为 50mm，如图 9-50 所示。

图 9-50　再次编辑爆炸图

9.7　实例·练习——曲柄滑块

本例将创建一个曲柄滑块模型，如图 9-51 所示。

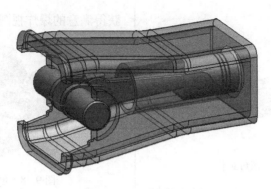

图 9-51　曲柄滑块

【思路分析】

　　本模型首先创建除外壳以外的零部件子装配体，再完成整体的装配模型，其中需要使用WAVE 工具创建连杆与滑块连接部分的销轴。

【光盘文件】

 结果文件——参见附带光盘中的"END\Ch9\9-7.prt"文件。

 动画演示——参见附带光盘中的"AVI\Ch9\9-7.avi"文件。

【操作步骤】

　　（1）创建曲柄滑块子装配体。单击【新建】按钮□，或者选择菜单栏中的【文件】/【新建】命令，在弹出的【新建】对话框中选择【装配】模板，确认文件路径为"D:\modl\9-7\"，输入文件名"qubinghuakuai.prt"。

　　（2）使用"绝对原点"方式添加 9-7 文件夹下的 piston_head.prt 文件，单击【确定】按钮，如图 9-52 所示。

图 9-52　添加滑块

　　（3）使用"通过约束"方式添加 con-rod.prt 连杆组件，引用集选择 REFERENCE_SET1。首先选用"自动判断中心/轴"方式添加约束，然后采用"中心"方式"2 对 1"将

连杆定位于滑块的中心，如图 9-53 所示。

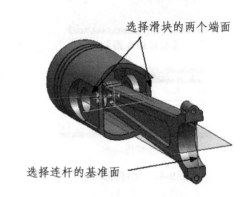

选择滑块的两个端面

选择连杆的基准面

图 9-53　添加连杆

　　（4）选择菜单栏中的【装配】/【组件】/【新建组件】命令，或者单击【新建组件】按钮圆，在弹出的【新组件文件】对话框中输入新组件名称 zhou，以创建固定滑块与连杆的轴。使新组件为工作部件，调用 WAVE 几何链接器功能，保持默认选项设置，创建如图 9-54 所示的几何链接对象。

　　（5）创建拉伸特征，使用步骤（4）中

创建的链接曲线，拉伸到链接基准面。创建的轴如图 9-55 所示。

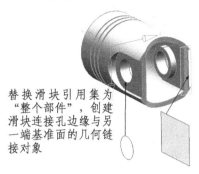

替换滑块引用集为"整个部件"，创建滑块连接孔边缘与另一端基准面的几何链接对象

图 9-54　创建几何链接对象

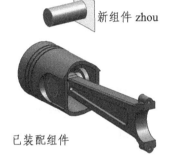

新组件 zhou

已装配组件

图 9-55　创建新组件特征

（6）添加曲轴组件 crack_shaft.prt，同样选用"自动判断中心/轴"与"中心"方式添加约束，如图 9-56 所示。

图 9-56　添加曲轴

（7）添加连杆与曲轴连接组件 end_cap，选用"接触"与"自动判断中心/轴"方式添加约束，如图 9-57 所示。

接触

自动判断轴线

图 9-57　添加连杆端盖

（8）保存 qubinghuakuai.prt 文件，新建装配体 9-7，使用"绝对原点"方式添加 9-7 文件夹下的 block.prt 文件，单击【确定】按钮，如图 9-58 所示。

图 9-58　添加腔体

（9）添加子装配体 qubinghuakuai.prt，结果如图 9-59 所示。

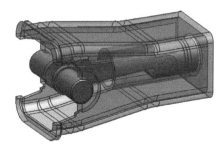

图 9-59　添加子装配体

第10讲 工程制图

UG 中的工程图模块提供了绘制与管理工程图的全过程工具,利用该模块可以将实体建模后的产品模型转换为二维工程图纸。用户可以在该模块中进行工程图纸的创建与修改、图纸上视图、几何体、尺寸以及其他各类型制图对象的创建。所创建工程图中的视图中与模型完全关联,即对模型所做的任何更改都引起二维工程图的相应更新。此关联性使用户可以根据需要对模型进行多次更改,从而极大地提高了设计效率。本讲将介绍工程图的一般概念以及相关对象的创建。

 本讲内容

- 实例·模仿——踏脚座
- 工程图管理
- 工程图预设置
- 创建视图

- 编辑视图
- 工程图标注
- 实例·操作——支架体
- 实例·练习——法兰盘

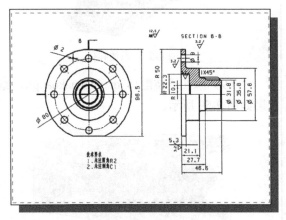

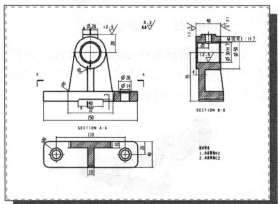

10.1 实例·模仿——踏脚座

本例介绍踏脚座的基本视图、投影视图、剖视图和局部剖视图的创建以及一些视图的编辑工具,其最终工程图结果如图 10-1 所示。

【思路分析】

首先导入该模型的基本视图,然后在基本视图的基础上生成另外两个辅助投影视图,为表达其连接部分结构采用全剖视图表达方式,并在基本视图与俯视图上创建局部剖视图。其主要创建流程如图 10-2 所示。

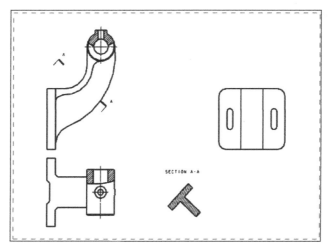

图 10-1　踏脚座工程图

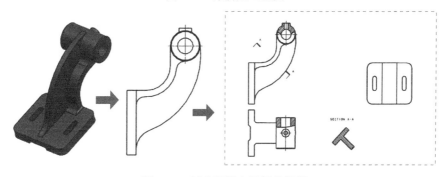

图 10-2　创建踏脚座视图的流程

【光盘文件】

参见附带光盘中的"END\Ch10\10-1.prt"文件。

参见附带光盘中的"AVI\Ch10\10-1.avi"文件。

【操作步骤】

（1）单击【打开】按钮，或者选择菜单栏中的【文件】/【打开】命令，打开模型10-1.prt，如图 10-3 所示。

图 10-3　原始模型

（2）单击【开始】按钮，选择【制图】选项，进入【制图】环境，然后单击【新建图纸页】按钮，在弹出的对话框中选中【标准尺寸】单选按钮，在【大小】下拉列表框中选择 A3-297×420 选项，如图 10-4 所示，单击【确定】按钮，创建图纸页 SHT1。

（3）随后弹出【视图创建向导】对话框，其中在 Orientation 选项卡中选择【俯视图】选项，单击【完成】按钮，拖动鼠标光标到合适位置后单击，放置俯视图，如图 10-5 所示。

图 10-4　新建图纸页

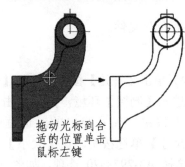

拖动光标到合
适的位置单击
鼠标左键

图 10-5　添加基本视图

（4）随后弹出【投影视图】对话框，用户同样可以通过选择菜单栏中的【插入】/【图纸】/【投影视图】命令，或者单击【图纸】工具栏中的【投影视图】按钮，在弹出的对话框中选中【反转投影方向】复选

框，生成如图 10-6 所示的俯视图。

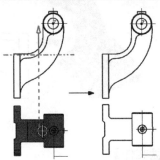

图 10-6　添加投影视图

（5）在【草图】工具栏中选择添加的基本视图 TOP@1（@后面的数字不一定是 1，有可能是其他数字），在基本视图上添加如图 10-7 所示的艺术样条曲线，作为下一步操作中的剖切边界。需要注意的是，绘制的样条线不要超出主视图的矩形边框。

图 10-7　添加艺术样条曲线

（6）选择菜单栏中的【插入】/【图纸】/【局部剖视图】命令，或者单击【图纸】工具栏中的【局部剖视图】按钮，弹出【局部剖】对话框，用于创建局部剖视图，创建流程如图 10-8 所示。

选择要创建局部
剖视图的视图

其余按钮激活

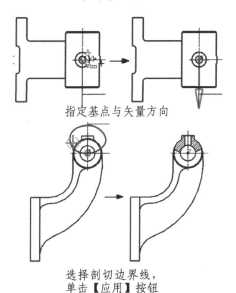

指定基点与矢量方向

选择剖切边界线，
单击【应用】按钮

图 10-8　创建局部剖视图

（7）用同样的方法，在投影视图中建立如图 10-9 所示的局部剖视图。

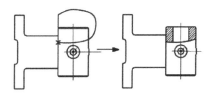

图 10-9　创建投影视图的局部剖视图

（8）再次使用【投影视图】工具，创建如图 10-10 所示的辅助视图。

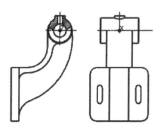

图 10-10　创建投影视图

（9）选择菜单栏中的【编辑】/【视图】/【视图相关编辑】命令，或者单击【制图编辑】工具栏中的【视图相关编辑】按钮，弹出【视图相关编辑】对话框，单击【擦除对象】按钮，选中如图 10-11 所示的对象，并对其进行隐藏擦除。

单击【擦除对象】按钮

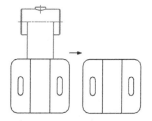

图 10-11　编辑投影视图

（10）选择菜单栏中的【插入】/【视图】/【截面】/【简单/阶梯剖】命令，或者单击【图纸】工具栏中的【剖视图】按钮，创建全剖视图，具体流程如图 10-12 所示。

【剖视图】工具栏

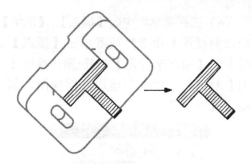

图 10-13　擦除多余曲线

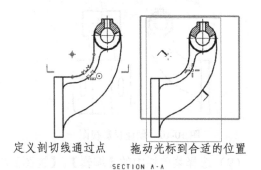

定义剖切线通过点　　拖动光标到合适的位置

SECTION A-A

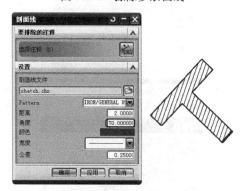

修改剖面线角度

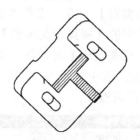

图 10-12　创建剖视图

（11）再次使用【擦除对象】工具，擦除剖视图中的多余曲线，如图 10-13 所示。

（12）双击剖面线，弹出【剖面线】对话框，在其中将角度修改为 70，单击【确定】按钮，调整视图位置，在【视图首选项】中取消选中【光顺边】复选框，创建完成，如图 10-14 所示。

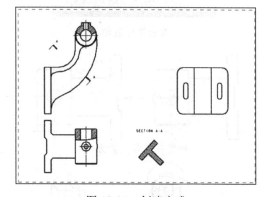

图 10-14　创建完成

10.2　工程图管理

在 UG 中，可利用三维特征模型通过不同的投影方式、图样尺寸和比例创建多张二维工程图，而默认的工程图纸空间参数往往与用户的实际需求不相符，此时需要对图纸进行管理，修改各视图之间的缩放比例、角度等参数。

10.2.1 新建图纸

在建模环境中选择【开始】/【制图】命令，进入"制图"模块，再在制图环境下选择菜单栏中的【插入】/【图纸页】命令，或者在【图纸布局】工具栏中单击【新建图纸页】按钮 ，弹出【图纸页】对话框，图名默认为 SHT1。有时由于零件的复杂性，需要建立多张图纸来表达设计意图。用户可以利用该对话框的选项新建图纸，系统共提供了 3 种图纸的尺寸规格，默认的【大小】选项为【标准尺寸】类型，【定制尺寸】类型与【标准尺寸】设置相似，如图 10-15 所示。

对话框中各选项的含义如下。

◆ 大小：用于指定图样的尺寸规格，可以直接在【大小】下拉列表框中选择与工程图相适应的图纸规格，图纸的规格随选择的工程单位不同而不同。

◆ 比例：用于设置工程图中各类视图的比例大小，默认比例为 1:1。

◆ 图纸页名称：用于输入新建工程图的名称，系统会按序列排列，也可以指定名称。

◆ 单位：用于设置工程图的尺寸单位。

◆ 投影：用于设置视图的投影角度方式，系统提供了两种方式。我国的制图标准为【第一象限角投影】与【毫米】选项。

此外，用户如果在【大小】选项栏中选中【使用模板】单选按钮，则可以直接选取系统提供的模板，单击【确定】按钮，即可直接应用于当前工程图中，如图 10-16 所示。

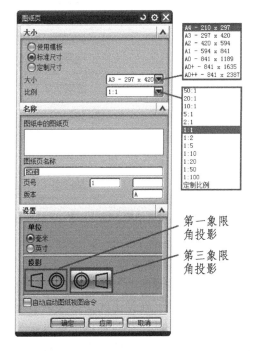

图 10-15　新建图纸

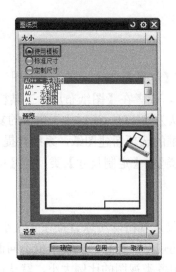

图 10-16　图纸模板

10.2.2　打开与删除图纸

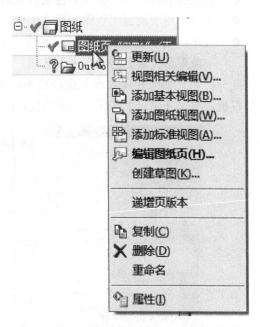

　　为了将一个复杂模型表达清楚，需要采用
不同的投影方法、图纸规格和视图比例，建立
多幅二维工程图。当要编辑其中一幅工程图
时，首先要将其在绘图工作区中打开。单击
【图纸】工具栏中的【打开图纸页】按钮，
在弹出的【打开图纸页】对话框中选择要打开
的图纸即可；或者在【部件导航器】中右击图
纸，在弹出的快捷菜单中选择【打开】命令。

　　删除工程图的操作简单，当需要删除多余
的工程图纸时，只需在【部件导航器】中右击
所需的图纸名称，在弹出的快捷菜单中选择
【删除】命令即可，如图 10-17 所示。

图 10-17　使用右键快捷菜单打开与删除图纸

10.2.3　编辑图纸

　　在工程图的绘制过程中，如果想更换一种表现三维模型的方式（如增加剖视图等），而原来
设置的工程图参数不能满足要求，此时就需要对已有的工程图的有关参数进行编辑、修改。在
【部件导航器】中选中需要编辑的工程图，单击鼠标右键，在弹出的快捷菜单中选择【编辑图
纸页】命令，弹出【片体】对话框，参照创建工程图的方法，在对话框中编辑修改所选工程图
的名称、尺寸和比例等参数。完成编辑修改后，单击【确定】按钮，系统将按新的工程图参数
自动更新所选的工程图。在编辑工程图时，投影角度参数只能在没有产生投影视图的情况下修
改，如果已经生成了投影视图，则需删除所有的投影视图后，执行编辑工程图的操作。

10.3　工程图预设置

在工程图环境中，为了更准确、有效地创建工程图，可以根据用户需要对相关的基本参数进行预设置，如视图、剖切线、注释参数等。进入工程图模块后，【首选项】菜单下将出现各种关于工程图的参数设置，本节主要介绍 5 种常用的参数首选项操作：制图、视图、注释、截面线与视图标签。

10.3.1　制图首选项

选择菜单栏中的【首选项】/【制图】命令，弹出【制图首选项】对话框，如图 10-18 所示，该对话框中包含 6 个选项卡，其中，【常规】选项卡用于设置图纸的版次、工作流、栅格等；【预览】选项卡用于设置视图样式和注释样式；【注释】选项卡用于设置注释是否随着模型的更改而删除；【视图】选项卡可以对视图更新、边界等进行常用的设置。

图 10-18　【制图首选项】对话框

在【视图】选项卡中，【更新】栏中的【延迟视图更新】复选框用于设置是否在模型修改时需要利用强制刷新来更新视图；【边界】栏用于设置是否显示边界以及边界的颜色，【显示已抽取边的面】栏用于设置在工程图中选中的是实体表面还是曲线；【加载组件】栏用于设置什么时候载入几何信息；【可视】栏用于设置工程图的视觉效果。

10.3.2　视图首选项

选择菜单栏中的【首选项】/【视图】命令，弹出【视图首选项】对话框（见图 10-19）用于设置视图中隐藏线、轮廓线和光顺边等视图对象的显示方式。当在绘图区选择某视图后，用户可以在该对话框中为所选视图修改设置，所选视图将会按修改后的参数进行更新显示。在产生局部放大图时，视图查看参数与其父视图相同，而不受系统默认设置的影响，但局部放大视图的某些视图查看特性可通过该对话框的相关参数进行设置。

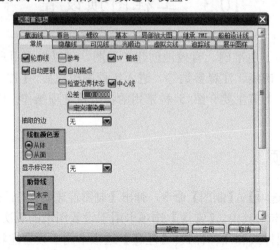

图 10-19 【视图首选项】对话框

其中的【常规】选项卡用于设置一般的制图环境参数，如选中【自动更新】复选框，则视图将随着模型的修改自动更新；选中【UV 栅格】复选框，系统将在曲面特征的视图中添加栅格；选中【中心线】复选框，在创建视图时，系统将自动在对称位置处添加中心线。

10.3.3 注释首选项

该首选项用于设置制图的注释参数，包括尺寸、文字、尺寸线、箭头、单位和径向参数等。选择菜单栏中的【首选项】/【注释】命令，弹出如图 10-20 所示的【注释首选项】对话框，该对话框提供了 16 个设置注释参数的选项卡，选择相应的参数设置选项卡，对话框中就会出现与之对应的参数设置选项，用户可根据实际情况来设置工程图注释的相关参数。

图 10-20 【注释首选项】对话框

10.3.4　截面线首选项

选择菜单栏中的【首选项】/【截面线】命令，弹出如图 10-21 所示的【截面线首选项】对话框，用于设置制图时截面线的箭头、颜色、线型和文字等参数。

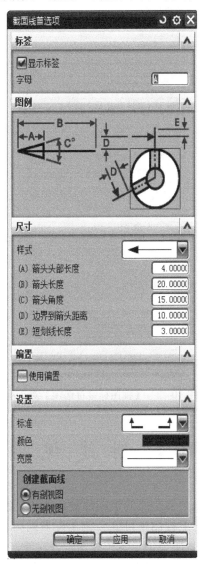

图 10-21　【截面线首选项】对话框

10.3.5　视图标签首选项

选择菜单栏中的【首选项】/【视图标签】命令，弹出如图 10-22 所示的【视图标签首选项】对话框，用于设置制图操作时创建的各种视图标签的相关参数。

图 10-22　【视图标签首选项】对话框

10.4　创 建 视 图

　　视图是二维工程图最基本也是最重要的组成部分。利用三维模型生成各种投影视图是创建工程图最核心的问题，在建立的工程图中可能会包含许多视图，这些视图的组合可以清楚地对三维模型进行描述。UG 制图模块中提供了各种视图管理功能，如添加视图、移除视图、移动或复制视图、对齐视图和编辑视图等。利用这些功能，可以方便管理工程图中所包含的各类视图，并可修改各视图的缩放比例、角度和状态等参数。

10.4.1　基本视图

　　基本视图是零件向基本投影面投影所得的图形，包括零件模型的主视图、后视图、俯视图、仰视图、左视图、右视图、轴测图等。一幅工程图至少包含一幅基本视图，因此应该尽量选择能够反映实体模型的主要特征性状的基本视图。一幅工程图可以包括多幅基本视图，基本视图与各投影视图、剖视图等共同进行三维实体模型的描述。

选择菜单栏中的【插入】/【视图】/【基本】命令，或者单击【图纸】工具栏中的【基本视图】按钮，弹出【基本视图】对话框，如图 10-23 所示。

该对话框中的【部件】选项栏用于选择需要建立工程图的部件工程文件，可从文件夹中选取。放置方法用于选择基本视图的放置方法，"水平"、"垂直"等放置方式需要制定参照视图或者参照点；【比例】选项栏用于控制基本视图的比例；在【要使用的模型视图】下拉列表框中可以选择基本视图的方向；单击【设置】选项栏中的【视图样式】按钮，弹出【视图样式】对话框，可以对基本视图中的隐藏线段、可见线段、追踪线段、螺纹等样式进行详细设置。

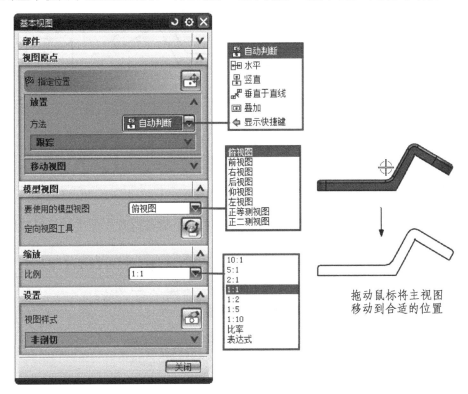

图 10-23　【基本视图】对话框及操作

10.4.2　投影视图

当拖动基本视图到合适位置并单击鼠标左键后，若继续拖动鼠标，系统将自动弹出【投影视图】对话框。若用户已退出基本视图的创建，同样可以通过选择菜单栏中的【插入】/【图纸】/【投影视图】命令，或者单击【图纸】工具栏中的【投影视图】按钮，弹出【投影视图】对话框，如图 10-24 所示。

在【矢量选项】下拉列表框中选择"自动判断"选项后，投影视图将在与坐标轴成 45°增量的矢量方向上移动，同时还可以在对话框中设置该视图【反转投影方向】与【关联】。选择"已定义"矢量，可以使用矢量工具定义任意的投影矢量方向。

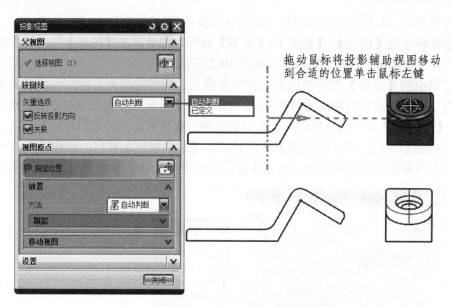

图 10-24　【投影视图】对话框及操作

10.4.3　局部放大图

当模型的一些细小结构，如键槽、退刀槽等，表达不清楚或者不便于标注尺寸时，使用该功能，可将这些局部特征用大于原图的比例绘制出。

选择菜单栏中的【插入】/【视图】/【局部放大图】命令，或者单击【图纸】工具栏中的【局部放大图】按钮，弹出【局部放大图】对话框，如图 10-25 所示。

图 10-25　【局部放大图】对话框

【局部放大视图】对话框中的"原点"选项栏目与【基本视图】、【投影视图】中相同；系统提供了 3 种确定局部放大边界的形式，即圆形、按拐角绘制矩形和按中心和拐角绘制矩形，【比例】选项栏提供了一系列局部放大图的比例系数，【父项上的标签】选项栏提供了 6 种在父视图的该局部放大处显示的标签形式：无、圆、注释、标签内嵌、边界。

在父视图中确定局部放大的部分后，拖动鼠标到合适的位置单击放置该视图，系统将自动完成标注，如图 10-26 所示。

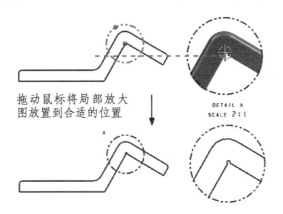

拖动鼠标将局部放大
图放置到合适的位置

DETAIL A
SCALE 2:1

图 10-26 父项采用"标签"形式的局部放大图

10.4.4 剖视图

若零件的内部结构较为复杂，采用基本视图与投影视图进行表达时，内部就会出现较多虚线，导致模型的表达不清晰。此时需要使用剖视图工具表达零件内部的结构特征。该功能将一个或者多个剖切平面通过整个零部件实体而得到剖视图，包括全剖视图、阶梯剖视图、旋转剖视图、半剖视图、展开与折叠剖视图、局部剖视图等。

剖切线是指用户定义的剖切平面和折弯线所组成的线段，由剖切段、折弯段和箭头段组成。其中，剖切段是剖面线的一部分，用来定义产生剖视图的剖切平面；箭头段是包含剖切方向箭头所在的部分；折弯段是非剖切位置，主要用于连接多段剖切段。

1. 基本剖视图

选择菜单栏中的【插入】/【视图】/【截面】命令，或者单击【图纸】工具栏中的【剖视图】按钮❸，弹出【父视图选择】对话框，选择父视图后，弹出【剖视图】工具栏，用于创建全剖视图与多段剖视图。

（1）全剖视图

全剖视图是利用一个假想的剖切平面完全剖切模型而得到的视图。当零件内部结构比较复杂而外形轮廓在其他视图上已经表达清楚时，可以利用这种方式对模型进行剖切表达。选择父视图后，再选择剖切线上的一点，通过该点创建的单个剖切面即对模型进行剖切，在视图平面内单击鼠标左键，确定剖切图的放置位置即可，具体操作过程如图 10-27 所示。

【剖视图】工具栏中的【铰链线】选项用于设置自动生成铰链线与用户定义方式的切换，【截面线】选项中可以利用多段截面线生成阶梯剖视图，或者沿截面线的法向移动剖视图。

（2）阶梯剖视图

阶梯剖视图是采用多个剖切段、折弯段和箭头段来创建阶梯状剖切平面而建立的剖视图。全部折弯段和箭头段都和剖切段垂直，其创建流程如图 10-28 所示。

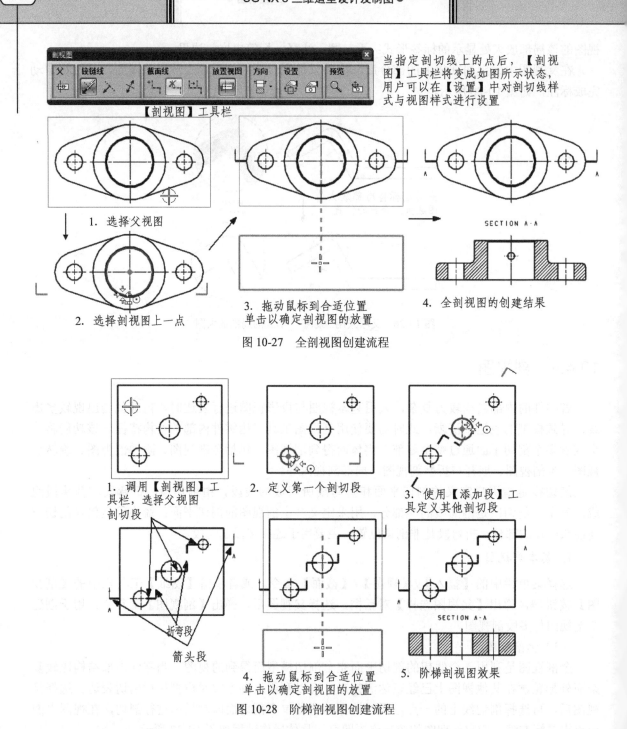

当指定剖切线上的点后，【剖视图】工具栏将变成如图所示状态，用户可以在【设置】中对剖切线样式与视图样式进行设置

【剖视图】工具栏

1. 选择父视图

2. 选择剖视图上一点

3. 拖动鼠标到合适位置单击以确定剖视图的放置

4. 全剖视图的创建结果

图 10-27　全剖视图创建流程

1. 调用【剖视图】工具栏，选择父视图剖切段

2. 定义第一个剖切段

3. 使用【添加段】工具定义其他剖切段

折弯段

箭头段

4. 拖动鼠标到合适位置单击以确定剖视图的放置

5. 阶梯剖视图效果

图 10-28　阶梯剖视图创建流程

2. 半剖视图

若零件的内部结构对称，向垂直于对称平面的投影面上投影，所得的视图就是半剖视图。半剖视图的剖面线包含一个箭头段、一个折弯段和一个剖切段。选择菜单栏中的【插入】/【视图】/【半剖】命令，或者单击【图纸】工具栏中的【半剖视图】按钮，选择父视图后，弹出【半剖视图】工具栏。半剖视图的创建过程如图 10-29 所示。

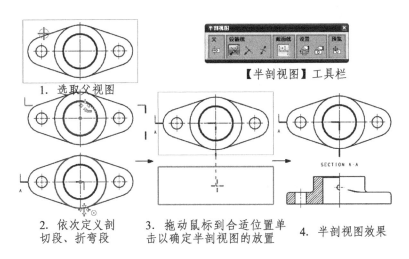

图 10-29　【半剖视图】工具栏及半剖视图创建流程

3.　旋转剖视图

对于具有回转特征内部结构的模型，采用旋转剖视图进行表达，即用两个成一定角度的剖切面剖开该模型，其中两剖切面的交线垂直于某一基本投影面。旋转剖视图可包含一个旋转剖面，也可以根据需要创建多个剖面。选择菜单栏中的【插入】/【视图】/【旋转剖】命令，或者单击【图纸】工具栏中的【旋转剖视图】按钮，选择父视图后，弹出【旋转剖视图】工具栏，相比其他剖视图工具栏多出了【移动旋转点】按钮，用户依次指定旋转点和各剖切段，即可创建该剖视图，具体创建流程如图 10-30 所示。

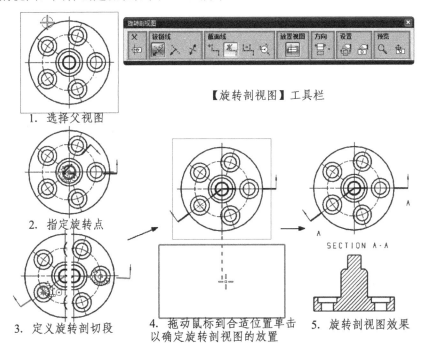

图 10-30　【旋转剖视图】工具栏及旋转剖视图创建流程

视频教学

4. 展开与折叠剖视图

对于多孔的板类零件或者内部结构复杂但不对称的零件模型，使用具有不同角度的多个剖切面构成的剖视图（剖切面的交线垂直于某一基准平面）能够更清晰地进行表达。系统为用户提供了展开与折叠剖视图来进行不对称模型的剖切显示。其中两者的剖切线构造方式相同，不同之处在于最终剖视图的表达：展开剖视图在铰链线方向展开拉直剖切段，将所有剖面展开到视图平面上进行投影，而折叠剖视图直接投影。

（1）展开剖视图

展开剖视图有两种：点到点的剖视图、点和角度的剖视图。选择菜单栏中的【插入】/【图纸】/【展开的点到点的剖视图】命令，即可开始创建点到点的展开剖视图，具体创建流程如图 10-31 所示。

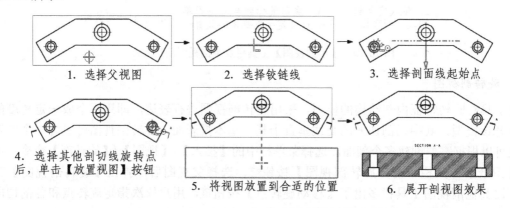

图 10-31　点到点展开剖视图创建流程

"展开的点和角度剖视图"的创建方式与点到点的展开剖视图相似，不同之处在于定义剖切段时使用的不是每一个旋转点，而是通过定义剖切线上的点与剖切线角度确定，最终创建通过所有剖切段连接的展开剖视图。选择菜单栏中的【插入】/【图纸】/【展开的点和角度的剖视图】命令，具体创建流程如图 10-32 所示。

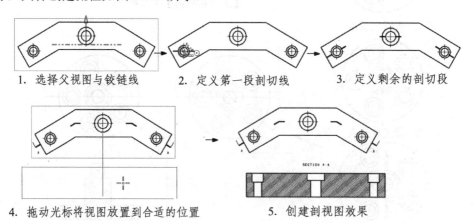

图 10-32　点和角度展开剖视图创建流程

（2）折叠剖视图

选择菜单栏中的【插入】/【图纸】/【折叠剖视图】命令，弹出【折叠剖视图】对话框。折叠剖视图的创建方法和点到点的展开剖视图相同，两者所创建的剖视图对比效果如图 10-33 所示。

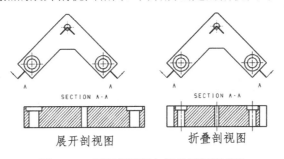

图 10-33　展开剖视图与折叠剖视图对比

图 10-33 中的展开与折叠剖视图的剖切线相同，但是在最终生成视图时，前者沿旋转点展开拉直，而后者直接沿铰链线的法向投影生成视图。

5. 局部剖视图

局部剖视图是通过移除部件的一个区域来表示零件在该区域的内部结构。局部剖视图在已有的视图基础上创建，通过一个封闭的曲线定义剖切的区域。因此，在创建局部剖视图前，首先要创建与该视图相关的剖切曲线，在后期利用该曲线构成局部剖视图的边界。具体方法为：在【草图】工具栏的下拉列表框中选择将要生成局部剖视图的主视图，激活该视图后，创建剖切曲线，用户可以在剖切位置创建圆形、矩形或者样条曲线作为边界。

创建完与视图相关的剖切曲线后，选择菜单栏中的【插入】/【视图】/【局部剖视图】命令，或者单击【图纸】工具栏中的【局部剖视图】按钮🔲，弹出【局部剖】对话框，具体创建流程如图 10-34 所示。需要注意的是，局部剖视图在主视图中显示，而不是产生一个新的剖视图。

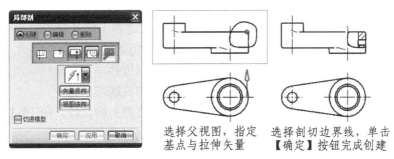

图 10-34　【局部剖】对话框与局部剖视图创建流程

【局部剖】对话框的【创建】面板上共有如下 5 个图标，分别对应创建局部剖视图的 5 个步骤。

◆ 🔲（选择视图）：当创建局部剖视图时，该图标被激活，可以在工程图纸中选择已有的视图作为父视图，也可以在对话框列表中进行选择。

◆ 🔲（指出基点）：选择父视图后，该图标自动被激活，用于指定基点。

◆ 🔲（指出拉伸矢量）：指定了基点位置后，该图标和【选择曲线】图标都将被激活，用于指定拉伸矢量，表示剖切时模型切除的方向。

◆ 🔲（选择曲线）：若用户选择的第二条曲线与第一条不相连，光标悬停在第二条曲线上方时，会显示橡皮筋图像，提示用户根据显示将所有的曲线相连包围成一个封闭的局部区域。

◆ 🔲（修改边界曲线）：可根据需要对原有边界曲线进行编辑修改。

6. 断开剖视图

断开剖视图是用多个边界组成一定的区域来显示视图，主要用于省略部分单一的模型结构，如长轴等零件，以节省图纸空间。选择菜单栏中的【插入】/【视图】/【断开的】命令，或者单击【图纸】工具栏中的【断开视图】按钮🔲，弹出【断开视图】对话框，该对话框以及断开剖视图的创建流程如图 10-35 所示。

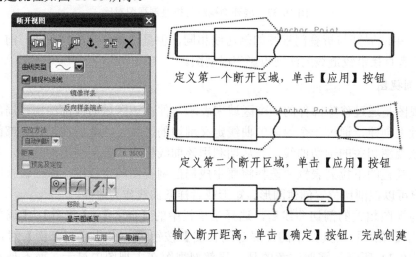

图 10-35 【断开视图】对话框与创建断开视图示意

【断开视图】对话框提供了如下 6 个针对断开剖视的操作。

◆ 🔲（添加断开区域）：定义一个新的断开区域边界。断开视图由一个主区域和若干个断开区域组成，它们都具有一个与视图相关联的边界和锚点。

◆ 🔲（替换断开边界）：用于替换现有的断开区域边界。

◆ 🔲（移动边界点）：用于编辑断开区域边界上的曲线。

◆ ⚓（定义锚点）：定义一个点来定位断开区域边界上的曲线。图 10-35 中，用户定义断开区域后系统自动定义锚点并以 Anchor Point 标出。

◆ 🔲（定位断开区域）：用于修改断开区域之间的位置。

◆ ✕（删除断开区域）：用于从断开视图中删除断开区域，只有删除所有断开区域后，才能删除主区域。也可以通过该操作删除断开视图。

10.5 编 辑 视 图

在工程图的创建过程中，往往需要对添加的视图在后期进行位置、边界或是参数的调整。这就需要利用 UG 提供的工程图编辑功能，包括移动和复制视图、对齐视图以及定义视图边界等。

10.5.1　移动与复制视图

选择菜单栏中的【编辑】/【视图】/【移动/复制视图】命令，或者单击【图纸】工具栏中的【移动/复制视图】按钮，弹出【移动/复制视图】对话框，如图 10-36 所示。默认状态下未选中【复制视图】复选框，只对视图进行移动。

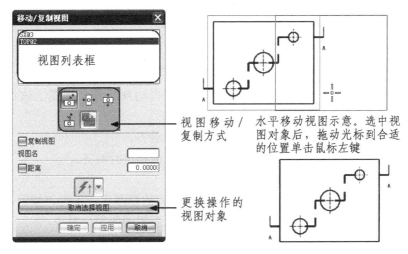

图 10-36　【移动/复制视图】对话框及操作示意

该对话框提供了 5 种移动/复制视图的方式，各含义与操作方法如下。

◆　（至一点）：选中要操作的视图后，单击该按钮，视图的一个虚拟边框将随着鼠标的移动而移动，当移动至合适位置后单击鼠标左键进行放置。

◆　（水平）：可使被选中的视图在水平方向上进行移动或者复制。

◆　（竖直）：可使被选中的视图在竖直方向上进行移动或者复制。

◆　（垂直于直线）：可使被选中的视图沿着垂直于一条直线的方向进行移动或者复制。

◆　（至另一图纸）：选择操作的视图对象后，单击该按钮，弹出【视图至另一图纸】对话框，其中列出了当前的所有图纸，选择复制目标图纸对象即可完成操作。

此外，用户可以使用快捷键 Ctrl+C 与 Ctrl+V 对视图进行复制，将复制的视图对象拖到大致位置后，利用系统的自动捕捉功能或者使用【对齐】工具进行位置的调整。

10.5.2　对齐视图

对齐视图是指将不同的视图按照所需要的方式进行对齐操作，以其中一个静止的视图作为参考对象，将其余视图进行水平或者竖直方向对齐。选择菜单栏中的【编辑】/【视图】/【对齐视图】命令，或者单击【图纸】工具栏中的【对齐视图】按钮，弹出【对齐视图】对话框，如图 10-37 所示。

图 10-37 　【对齐视图】对话框

该对话框中有以下 3 种定义对齐参考点的形式。

◆ 模型点：用户选择参考视图上的一点，系统自动判断其余视图上该点的对应点进行
对齐。

◆ 视图中心：系统自动判断各视图的中心点进行对齐。

◆ 点到点：用户分别选择参考视图与其余视图上的点进行对齐。

系统共提供了以下 5 种用于视图对齐的方式。

◆ （叠加）：定义了对齐参考点并选择要对齐的视图后，单击该按钮，系统将以所选
的视图中参照视图的对齐参考点为基点，对所有视图作重合对齐。

◆ （水平）：系统对所有视图根据参照视图中的对齐参考点作水平对齐。

◆ （竖直）：系统对所有视图根据参照视图中的对齐参考点作竖直对齐。

◆ （垂直于直线）：定义完参考点并选择要对齐的视图后，单击该按钮，再选择一条
直线作为对齐视图的参照线，系统对所有视图以参照视图的垂线为对齐基准进行对齐
操作，对齐参考点间连线垂直于该直线。

◆ （自动判断）：系统将根据选择的基准点的不同，用自动判断的方式对齐视图。

下面以【视图中心】为对齐参考点，展示几种不同的对齐方式，如图 10-38 所示。

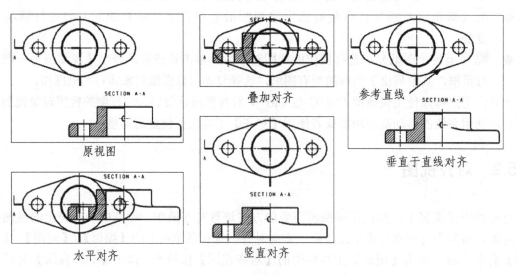

图 10-38 　几种视图对齐方式示意图

10.5.3 定义视图边界

【视图边界】工具允许用户为视图定义不同的边界类型，改变视图在图纸中的显示状态。选择菜单栏中的【编辑】/【视图】/【视图边界】命令，或者单击【图纸】工具栏中的【视图边界】按钮◙，弹出【视图边界】对话框，如图 10-39 所示。

图 10-39　【视图边界】对话框

该对话框顶部的视图列表框用于显示要定义边界的视图，在进行定义视图边界操作前，要先选择所需的视图。选择视图的方法有两种：一种是在视图列表框中选择视图；另外一种是直接在绘图工作区中选择视图。当视图选择错误时，还可单击【重置】按钮重新选择视图。

系统共提供了以下 4 种定义视图边界的类型。

◆ 截断线/局部放大图：用断开线或局部视图边界线来设置任意形状的视图边界。该类型仅显示出被定义的边界曲线围绕的视图部分。选择该类型后，系统将提示选择边界线，用户可在视图中选择已定义的断开线或局部视图边界线。如果要定义这种形式的边界，应在打开【定义视图边界】对话框前，创建与视图关联的断开线（可在草图环境中进行创建），如图 10-40 所示。

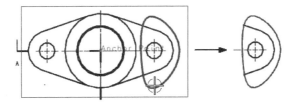

图 10-40　"截断线/局部放大图"类型边界示意图

◆ 手工生成矩形：定义矩形边界时，在选择的视图中按住鼠标左键不放并拖动鼠标，生成矩形边界，该边界也可随模型的更改而自动调整。

◆ 自动生成矩形：可随模型的更改而自动调整视图的矩形边界。

◆ 由对象定义边界：通过选择要包围的对象来定义视图的范围，用户可在视图中调整视图边界来包围所选择的对象。选择该类型后，系统将提示选择要包围的对象，用户可利用【包含的点】或【包含的对象】选项，在视图中选择要包围的点或线，如图 10-41 所示。

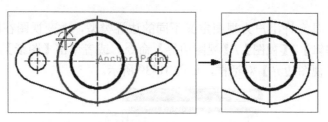

图 10-41　"由对象定义边界"类型边界示意图

该对话框中的【锚点】按钮可将视图边界固定在视图中指定对象的相关联的点处，使边界随指定点的位置变化而变化；【边界点】按钮用于指定边界点，改变视图边界，该按钮在选择了断开线边界视图边界类型时才被激活；【父项上的标签】下拉列表框只有在选择了局部放大视图时才被激活，他提供了 6 种用于指定父对象的形式，如图 10-42 所示。

- ◆ 　（无）：局部放大图的父视图将不显示放大部分的边界。
- ◆ 　（圆）：无论父视图中的放大部分具有什么形状的边界，都将以圆形边界来显示。
- ◆ 　（注释）：父视图的放大部分将同时显示放大部分的边界与标签。
- ◆ 　（标签）：父视图的放大部分同时显示放大部分的边界与标签，并用箭头从标签指向放大部分的边界。
- ◆ 　（内嵌的）：父视图的放大部分的标签将内嵌至放大部分边界上。
- ◆ 　（边界）：父视图中将只显示放大部分的原有边界，而不显示放大部分的标签。

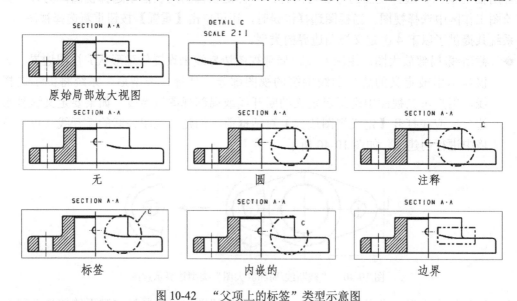

图 10-42　"父项上的标签"类型示意图

10.5.4　视图相关编辑

视图相关编辑允许用户单独编辑某一视图中所选集合对象的显示方式，而不影响其他视图

的显示。此外，还可以直接编辑位于图纸上的集合对象。选择菜单栏中的【编辑】/【视图】/
【视图相关编辑】命令，或者单击【制图编辑】工具栏中的【视图相关编辑】按钮，弹出
【视图相关编辑】对话框，如图 10-43 所示。

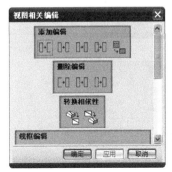

图 10-43　【视图相关编辑】对话框

【添加编辑】选项组用于选择要进行的视图编辑操作类型，它提供了以下 5 种视图编辑操
作的方式。

◆　（擦除对象）：用于擦除视图中选中的对象，将用户选中的对象隐藏。

◆　（编辑完全对象）：用于编辑视图或者工程图中所选整个对象的显示方式。用户可
　　在【线框编辑】面板中设置所选对象的颜色、线型和线宽等参数。

◆　（编辑着色对象）：用于编辑视图中某一部分的显示方式。用户可以在【着色编
　　辑】面板中设置所选部分的颜色、局部着色与透明度等参数。

◆　（编辑对象段）：用于编辑视图中所选对象的某个片段的显示方式。

◆　（编辑剖视图的背景）：用于编辑剖视图的背景。

【删除编辑】选项组提供了以下 3 种恢复视图的方式。

◆　（删除选择的修改）：删除所有用户选择对象的相关编辑操作。

◆　（删除所有的擦除）：删除所有应用【擦除对象】的操作。

◆　（删除所有的修改）：删除视图中所有的相关编辑操作。

【转换相依性】选项组用于设置对象在视图与模型间相互转换，其中的两个按钮分别为
【模型转换为视图】按钮与【视图转换为模型】按钮。

10.5.5　更新视图

更新视图功能允许用户手动更新选择的视图，可更新的几何对象包括隐藏线、轮廓线和
剖视图等。如果当前视图没有更新，则图纸左下角将显示 OUT-OF-DATE 信息，提示用户更新
视图。

选择菜单栏中的【编辑】/【视图】/【更新视图】命令，或者单击【图纸】工具栏中的【更
新视图】按钮，弹出【更新视图】对话框，如图 10-44 所示。

用户可以在【视图列表】选项栏中选择需要更新的视图进行操作。其中，选中【显示图纸
中的所有视图】复选框，系统将显示该部件的所有视图；单击【选择所有过时视图】按钮，将
选中列表框中所有过时的视图；单击【选择所有过时自动更新视图】按钮，可选中所有过时的

视图。

图 10-44　【更新视图】对话框

10.6　工程图标注

工程图的标注是反映零件尺寸和公差信息的重要方式之一。利用标注功能，可以向工程图中添加符号、尺寸、形位公差、文本注释和表格等标注内容。

10.6.1　尺寸标注

尺寸标注用于表达实体模型的尺寸大小。由于 UG 工程图模块和三维实体造型模块是完全关联的，因此，在工程图中，标注尺寸就是直接引用三维模型的真实尺寸，具有实际的含义。如果零件中的某个尺寸参数需要在三维实体中进行修改，此时工程图中的相应尺寸会自动更新，从而保证了工程图与模型的一致性。

选择菜单栏中的【插入】/【尺寸】子菜单中的相应命令，或者在【尺寸】工具栏中单击对应按钮，均可以对工程图进行标注，如图 10-45 所示。

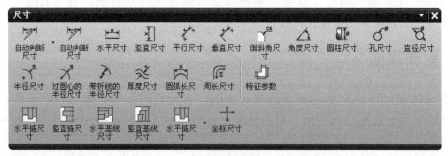

图 10-45　【尺寸】工具栏

下面对每一个尺寸类型进行介绍。

◆　自动判断尺寸：由系统自动推断选用哪种尺寸标注类型进行尺寸标注，可选对象包括点、直线和圆弧等。

- ◆ 水平尺寸：用于标注工程图中所选对象间的水平尺寸。
- ◆ 竖直尺寸：用于标注工程图中所选对象间的竖直尺寸。
- ◆ 平行尺寸：用于标注工程图中两点间的平行距离。
- ◆ 垂直尺寸：用于标注工程图中所选点到直线（或中心线）的垂直尺寸。
- ◆ 倒斜角尺寸：用于标注工程图中 45° 倒斜角的尺寸。
- ◆ 角度尺寸：用于标注工程图中所选两直线之间的角度。
- ◆ 圆柱尺寸：用于标注工程图中所选圆柱对象的直径尺寸，将直径符号自动添加到尺寸标注上。
- ◆ 孔尺寸：用于标注工程图中所选孔特征的尺寸。
- ◆ 直径尺寸：用于标注工程图中所选圆或圆弧的直径尺寸。
- ◆ 半径尺寸：用于标注工程图中所选圆或圆弧的半径尺寸，但标注不过圆心，所标注尺寸包括一条引线和一个箭头，箭头从标注文字指向所选圆弧。
- ◆ 过圆心的半径尺寸：用于标注工程图中所选圆或圆弧的半径尺寸，标注从圆心到圆弧添加一条延长线。
- ◆ 带折线的半径尺寸：用于标注工程图中所选大圆弧的半径尺寸，并用折线来缩短尺寸线的长度。
- ◆ 厚度尺寸：用于标注工程图中两个对象之间的厚度。
- ◆ 圆弧长尺寸：用于标注工程图中所选圆弧的弧长尺寸。
- ◆ 周长尺寸：将创建周长约束用于控制直线与圆弧的集体长度。
- ◆ 特征参数尺寸：将孔和螺纹的参数（以标注的形式）或草图尺寸继承到图纸页。
- ◆ 水平链尺寸：用于在工程图中生成一个水平方向（XC 轴方向）上的尺寸链，即生成一系列首尾相连的水平尺寸。
- ◆ 竖直链尺寸：用于在工程图中生成一个垂直方向（YC 轴方向）上的尺寸链，即生成一系列首尾相连的竖直尺寸。
- ◆ 水平基线尺寸：用于在工程图中生成一个水平方向（XC 轴方向）的尺寸系列，该尺寸系列分享同一条基线。
- ◆ 竖直基线尺寸：用于在工程图中生成一个垂直方向（YC 轴方向）的尺寸系列，该尺寸系列分享同一条基线。
- ◆ 坐标尺寸：在标注过程中定义一个原点，作为距离的参考点。

10.6.2　注释

一张完整的图纸，不但包括表达实体零件的基本形状及尺寸，往往还包括技术说明等有关的文本标注，以及表达特殊结构尺寸、各装配及定位部分的有关文本和各种技术要求符号、公差等。

选择菜单栏中的【插入】/【注释】命令，或者在【注释】工具栏中单击【创建注释】按钮 🅰，弹出【注释】对话框，如图 10-46 所示。

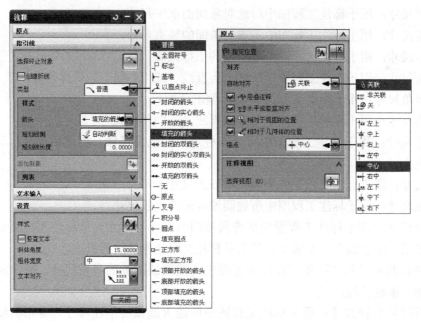

图 10-46　【注释】对话框

1. 文本注释

文本注释功能用于在工程图纸中标注用户创建的一些常规说明、备注信息和其他相关注释信息。在如图 10-46 所示的【注释】对话框中的【文本输入】选项栏的文本框中输入要标注的内容，选择合适的字体并设置粗体或斜体等参数即可进行文本注释，如图 10-47 所示。此外，还可以在【设置】选项栏中对注释进行更多的设置。

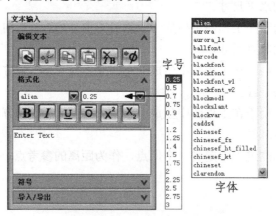

图 10-47　【文本输入】选项栏

2. 制图符号标注

制图符号主要以符号形式表达标注尺寸的类型，如直径、球形、斜率等。当要在视图中标注制图符号时，可在【文本输入】选项栏中的【符号】栏中选择"制图"类别，其内容如图 10-48 所示，单击所需符号按钮并拖到图纸合适的位置进行放置即可。

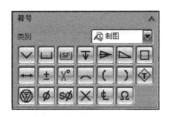

图 10-48　【制图符号】按钮选项

3. 形位公差标注

　　形位公差是将几何、尺寸和公差组合在一起形成的组合标注，用于表示标注对象相对于参考对象的形状和位置关系。选择形位公差框架、符号和字符，指出引出点和基准即可完成注释。可在【文本输入】选项栏内的【符号】栏中选择"形位公差"类别，其内容如图 10-49所示。

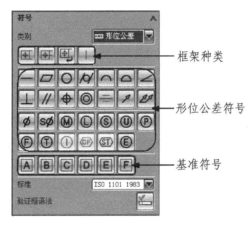

图 10-49　【形位公差】按钮选项

10.6.3　粗糙度标注

　　在首次标注表面粗糙度符号时，要检查制图模块中的【插入】下拉菜单中是否存在【表面粗糙度】菜单命令。如果没有该菜单命令，用户要在 UG 安装目录的 UGII 子目录中找到环境变量设置文件 ugii_env_ug.dat，并用写字板将其打开，将环境变量 UGII_SURFACE_FINISH 的默认设置改为 ON。保存环境变量设置文件后，重新进入 UG 系统，才能进行表面粗糙度的标注工作。

　　选择菜单栏中的【插入】/【符号】/【表面粗糙度符号】命令，弹出【表面粗糙度符号】对话框，如图 10-50 所示。对话框上部的图标用于选择表面粗糙度符号类型；中部的可变显示区用于显示所选表面粗糙度类型的标注参数和表面粗糙度单位及文本尺寸；下部的选项用于指定表面粗糙度的相关对象类型和确定表面粗糙度符号的位置。根据零件表面的不同要求，可选择合适的粗糙度标注符号类型，随着所选粗糙度符号类型和单位的不同，在【属性】选项栏中的可变显示区中显示的粗糙度的各参数列表中的参数也会不同，用户可以在下拉列表框中选择粗糙度数值，也可以直接输入数值。

视频教学

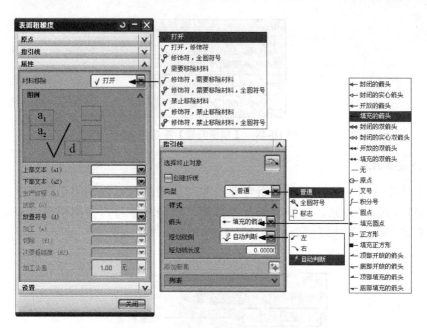

图 10-50　【表面粗糙度】对话框

　　标注表面粗糙度时，首先在绘图区确定原点，即标定粗糙度标注对象，根据需要也可以创建指引线。随后在【属性】栏中选择【材料移除】类型，系统共提供了 9 种符号类型。根据需要输入各种文本或者在下拉列表框中选择粗糙度的文本尺寸和相关参数，系统即可按设置要求标注表面粗糙度符号。

10.7　实例·操作——支架体

　　支架体的模型如图 10-51 所示。本节将介绍该模型工程图的具体创建流程，包括尺寸标注、文本注释以及粗糙度功能的使用。

图 10-51　支架体

【思路分析】
　　该模型以表达清晰的前视图为其主视图，同时创建另外两个方向的剖视图作为辅助投影视图，然后进行尺寸、公差等参数的标注，如图 10-52 所示。

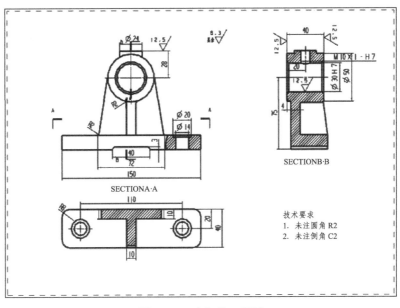

图 10-52　支架体工程图

【光盘文件】

结果文件——参见附带光盘中的"END\Ch10\10-7.prt"文件。

动画演示——参见附带光盘中的"AVI\Ch10\10-7.avi"文件。

【操作步骤】

（1）单击【打开】按钮，或者选择菜单栏中的【文件】/【打开】命令，打开模型10-7.prt，如图10-53所示。

图 10-53　原始模型

（2）单击【开始】按钮，选择【制图】命令，进入【制图】环境，单击【新建图纸页】按钮，在弹出的【片体】对话框中选取【A3-297×420】大小的工程图纸并单击【确定】按钮。在弹出的【视图创建向导】

对话框中的 Orientation 选项卡中选择【前视图】选项，拖动光标到合适位置单击鼠标左键，放置正视图，如图10-54所示。

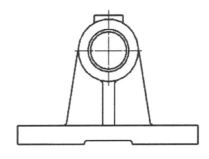

图 10-54　添加基本视图

（3）创建模型的全剖视图。选择菜单栏中的【插入】/【视图】/【截面】命令，或者单击【图纸】工具栏中的【剖视图】按钮，选择基本视图作为父视图后，弹出【剖视图】工具栏，具体创建流程如图10-55所示。

视频教学

【剖视图】工具栏

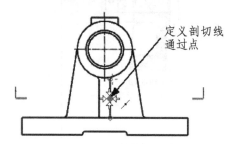

定义剖切线通过点

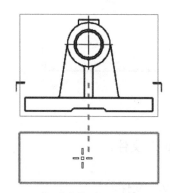

拖动光标到合适位置放置剖视图

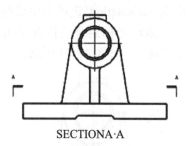

SECTIONA·A

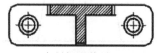

全剖视图结果

图 10-55　添加全剖视图

（4）再次使用【剖视图】工具，生成阶梯剖视图，创建流程如图 10-56 所示。

（5）在基本视图上创建关联草图，创建如图 10-57 所示的局部剖视图。

（6）调整显示效果，如图 10-58 所示。

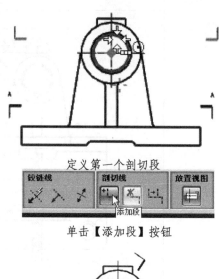

定义第一个剖切段

单击【添加段】按钮

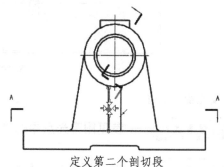

定义第二个剖切段

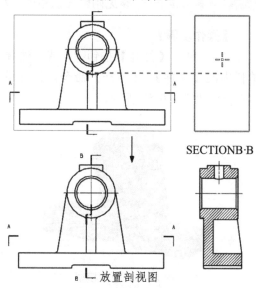

SECTIONB·B

放置剖视图

图 10-56　创建阶梯剖视图

（7）单击【尺寸】工具栏中的【水平】按钮、【竖直】按钮、【半径】按钮以及【圆柱】按钮，对主视图进行标注，如图 10-59 所示。

视频教学

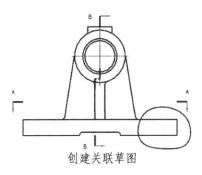

创建关联草图

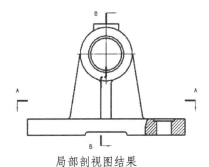

局部剖视图结果

图 10-57　创建局部剖视图

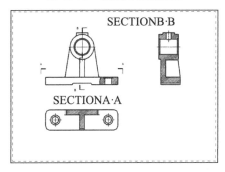

图 10-58　工程图效果

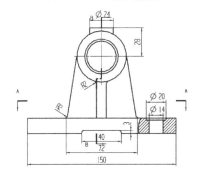

图 10-59　添加尺寸标注

（8）单击【水平】按钮 🔳、【竖直】按钮 🔳、【半径】按钮 🔳，对剖视图 A-A 进行标注，标注结果如图 10-60 所示。

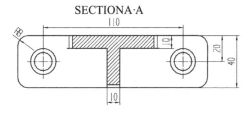

图 10-60　标注剖视图 A-A

（9）单击【水平】按钮 🔳、【竖直】按钮 🔳 以及【圆柱】按钮 🔳，对剖视图 B-B 进行标注，标注结果如图 10-61 所示。

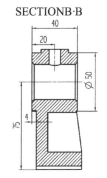

图 10-61　标注剖视图 B-B

（10）利用文本编辑器功能，对 B-B 剖视图的螺孔与内孔进行带公差等级的尺寸标注，如图 10-62 所示。

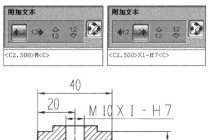

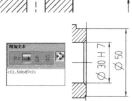

图 10-62　添加尺寸标注

（11）添加粗糙度符号。选择菜单栏中的【插入】/【符号】/【表面粗糙度符号】命令，弹出【表面粗糙度符号】对话框，设置效果如图 10-63 所示。

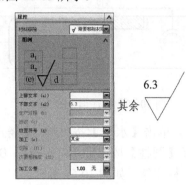

技术要求
1. 未注圆角 R2
2. 未注倒角 C2

图 10-64   添加文本注释

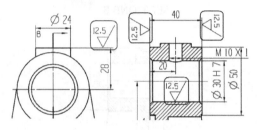

图 10-63   标注粗糙度

（12）选择菜单栏中的【插入】/【注释】命令，或者单击【注释】工具栏中的【创建注释】按钮，弹出【注释】对话框，在其中的【文本输入】选项栏中进行文本注释操作，如图 10-64 所示。

（13）调整显示结果，如图 10-65 所示。

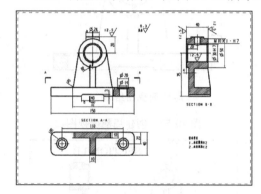

图 10-65   调整显示结果

10.8   实例·练习——法兰盘

本例将创建一个法兰盘的工程图模型，如图 10-66 所示。

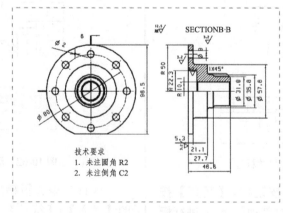

技术要求
1. 未注圆角 R2
2. 未注倒角 C2

图 10-66   法兰盘

【思路分析】

本模型的主要结构为一个回转特征体，因此采用主视图与半剖视图进行表达，将零件的内、外结构在图纸上进行清晰的反映，最终添加各种尺寸标注与文本注释。

【光盘文件】

 结果文件——参见附带光盘中的"END\Ch10\10-8.prt"文件。

动画演示——参见附带光盘中的"AVI\Ch10\10-8.avi"文件。

【操作步骤】

（1）单击【打开】按钮，或者选择菜单栏中的【文件】/【打开】命令，打开模型10-8.prt，如图10-67所示。

图 10-67　原始模型

（2）单击【开始】按钮，选择【制图】命令，进入【制图】环境，创建【大小】为【A4-210×297】的图纸页。在弹出的【视图创建向导】对话框中的 Orientation 选项卡中选择【俯视图】选项，拖动光标到合适位置单击鼠标左键，放置正视图，如图10-68所示。

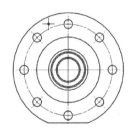

图 10-68　添加基本视图

（3）创建模型的半剖视图。选择菜单栏中的【插入】/【图纸】/【半剖视图】命令。或者单击【图纸】工具栏中的【半剖视图】按钮，选择父视图后，弹出【半剖视图】工具栏，具体创建方法参照 10.4.4 节半剖视图相关内容，创建结果如图10-69所示。

（4）单击【尺寸】工具栏中的【竖直】

按钮、【直径】按钮以及【孔】按钮，对基本视图进行标注，标注结果如图10-70所示。

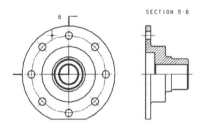

图 10-69　添加半剖视图

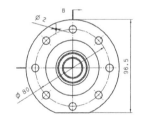

图 10-70　标注基本尺寸

（5）单击【圆柱】按钮、【半径】按钮、【水平】按钮、【竖直】按钮以及【倒斜角】按钮，对半剖视图进行标注，如图10-71所示。

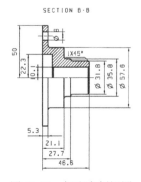

图 10-71　标注半剖视图

（6）为半剖视图中的竖直尺寸添加半径符号，如图 10-72 所示。

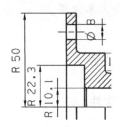

图 10-72　添加半径符号

（7）选择菜单栏中的【插入】/【符号】/【表面粗糙度符号】命令，弹出【表面粗糙度符号】对话框，在半剖视图中进行粗糙度符号的添加，如图 10-73 所示。

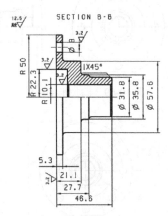

图 10-73　标注粗糙度

（8）选择菜单栏中的【插入】/【注释】

命令，或者在【注释】工具栏中单击【创建注释】按钮，在弹出的【注释】对话框中输入如图 10-74 所示的文本，进行注释操作。

技术要求
1. 未注圆角 R2
2. 未注倒角 C1

图 10-74　添加文本注释

（9）调整显示结果，保存退出，如图 10-75 所示。

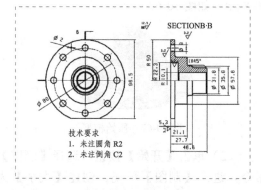

图 10-75　调整显示

附录 A UG NX 8 的安装方法

NX 8 安装方法与之前安装版本类似，主要包括：（1）修改许可证文件；（2）安装许可证服务器；（3）安装 NX8 主程序；（4）替换注册文件；（5）启动许可证服务器。下面详细介绍 NX 8 的安装方法。

（1）安装之前，请先确认您下载的安装程序为完整的。将下载后的压缩包解压缩成一个文件。

（2）在解压缩得到的文件夹中，找到找 UGSLicensing 文件夹，并将其中的 NX 8.0.lic 复制许可证文件复制到硬盘中的其它位置。

（3）用记事本打开 NX 8.0.lic，并用自己计算机的名称替换打开后的 NX 8.0.lic 文件中的 this_host，保存并关闭文件。

（4）首先打开安装程序，双击打开 Launch.exe 文件，打开如图 A-1 所示的 NX 8 安装启动界面。

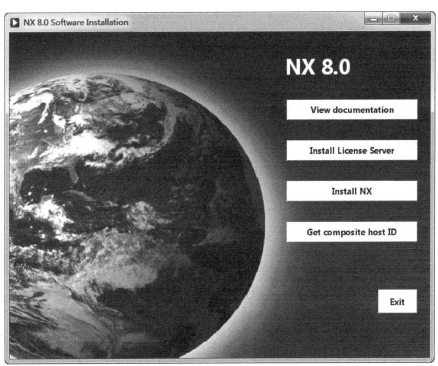

图 A-1 NX 8 安装启动界面

（5）在对话框中单击 Install License Server 按钮，开始安装许可证服务器，弹出如图 A-2 所示的许可证服务器安装界面。

（6）在对话框中单击"下一步"按钮，弹出如图 A-3 所示的对话框，设定许可证服务器安装文件夹。默认的安装路径是在 C 盘中，读者可以单击"更改"按钮，重新设定许可证服务器安装路径。

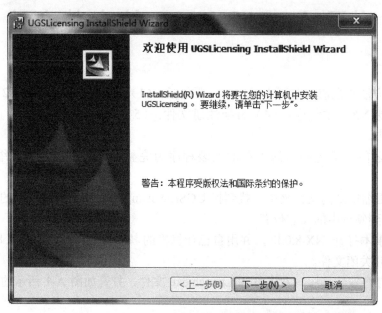

图 A-2　开始安装许可证服务器

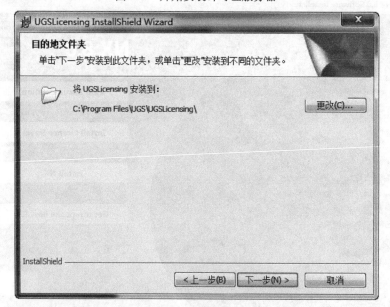

图 A-3　设定许可证服务器安装文件夹

（7）在对话框中单击"下一步"按钮，弹出如图 A-4 所示的对话框，单击"浏览"按钮，选择第（3）步生成的许可证文件。

（8）在对话框中单击"下一步"按钮，弹出如图 A-5 所示的对话框，单击"安装"按钮，开始安装许可证服务器，在完成后出现如图 A-6 所示的对话框，单击"完成"按钮，完成许可证服务器的安装。

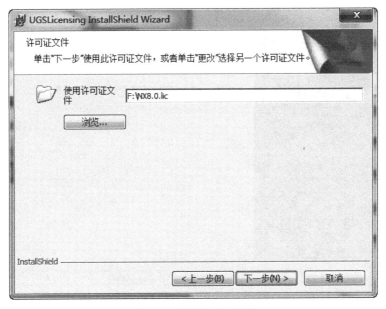

图 A-4 选择许可证文件

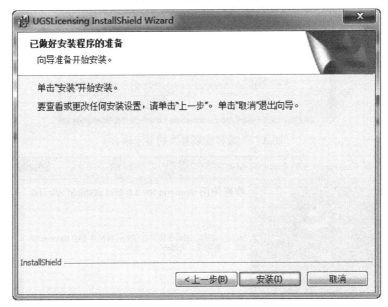

图 A-5 开始安装许可证服务器

（9）在如图 A-1 所示的对话框中单击 Install NX 按钮，弹出如图 A-7 所示的对话框，开始安装 NX 8 主程序。对话框默认是"中文（简体）"语言。这里所显示的语言只是设定安装界面的语言。

（10）在对话框中单击"确定"按钮后，弹出如图 A-8 所示的界面，开始安装 NX 8。

（11）在对话框中单击"下一步"按钮，弹出如图 A-9 所示的对话框，用户需要选定其中一种安装类型。通常我们选择"典型"类型，可以安装 NX 8 主程序的所有模块，但不包括一些插件，例如 Moldwizard 等。

图 A-6　完成安装许可证服务器

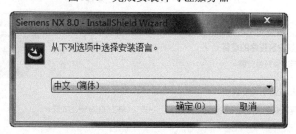

图 A-7　选择安装界面的显示语言

图 A-8　开始安装 NX 8

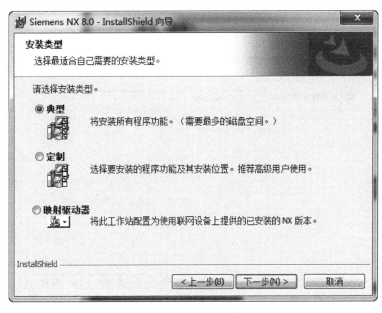

图 A-9　选择安装类型

（12）在对话框中单击"下一步"按钮，弹出如图 A-10 所示的对话框，系统默认的安装路径是在 C 盘，用户可以单击"更改"按钮更改 NX 8 主程序的安装文件夹。

（13）在对话框中单击"下一步"按钮，弹出如图 A-11 所示的对话框，用户设定许可证文件，一般保持默认状态就可以。

（14）在对话框中单击"下一步"按钮，弹出如图 A-12 所示的对话框，选择 NX 8 界面所使用的语言，这里所选择的语言是 NX 8 界面所显示的语言。

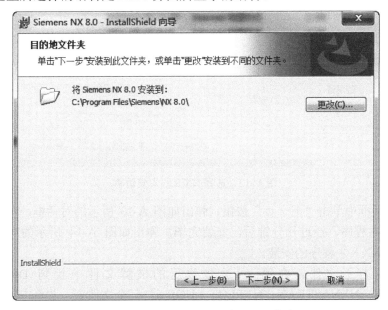

图 A-10　设定 NX 8 主程序安装文件夹

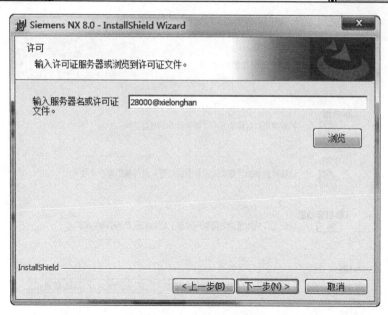

图 A-11　设定许可证

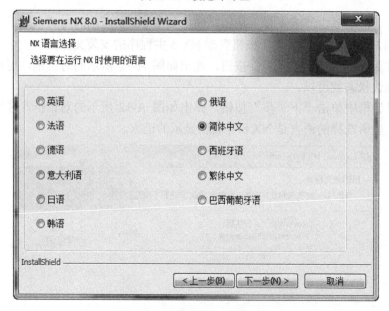

图 A-12　选择 NX 8 的安装语言

（15）在对话框中单击"下一步"按钮，弹出如图 A-13 所示的对话框，单击"安装"按钮开始安装 NX 8 主程序。经过几分钟后，安装完毕，弹出如图 A-14 所示的对话框，单击"完成"按钮，完成 NX 8 主程序的安装。

（16）更新若干文件。在第（1）步解压的破解文件中找到 DRAFTINGPLUS、NXCAE_EXTRAS、NXNASTRAN、NXPLOT、UGII 这 5 个文件夹，并单击复制，直接复制替换 NX 8 的安装文件夹中相对应的文件。在第（1）步解压的破解文件中找到 UGSLicensing 文件夹，在其中找到 ugslmd.exe 进行复制替换第（6）步中安装许可证文件中的对应文件。

（17）配置许可证服务器。从 Windows 的【开始】菜单打开 Lmtool 程序，如图 A-15 所示，弹出如图 A-16 所示的许可证服务器。

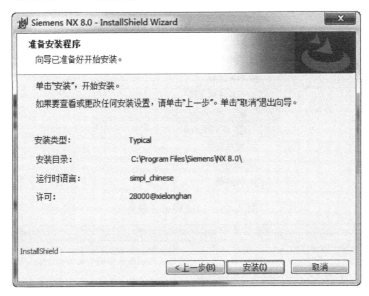

图 A-13　开始安装 NX 8 主程序

图 A-14　NX 8 主程序安装完成

（18）检查许可证服务器配置。在对话框中单击 Config Services 选项卡，如图 A-17 所示，检查 Service Name 中是否选定了 UGS License Server（ugslmd）。

（19）重启服务器。在对话框中单击 Start/Stop/Reread 选项卡，选中 Force Server Shutdown 复选框，接着单击 Stop Server 按钮，然后单击 Start Server 按钮，重新启动服务器，如图 A-18 所示。

（20）启动 NX 8。从 Windows 的【开始】菜单中单击 "NX 8.0" 选项，如图 A-19 所示，启动 NX 8.0 主程序，如图 A-20 所示，从界面显示 NX 8 来看，UG NX 8 安装成功。

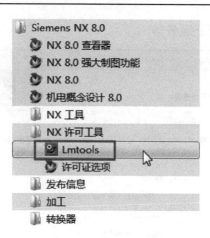

图 A-15　启动许可证服务器

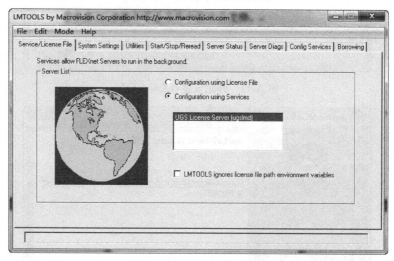

图 A-16　许可证服务器

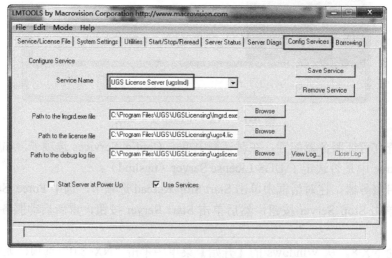

图 A-17　检查服务器的配置

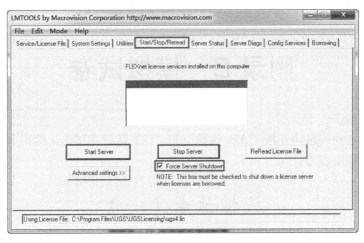

图 A-18　重启服务器

图 A-19　启动 NX 8

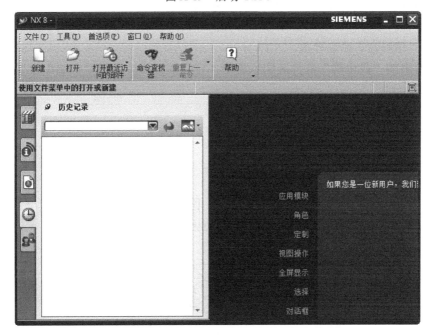

图 A-20　NX 8 主界面

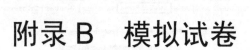

附录 B 模拟试卷

参考"国家制造业信息化三维 CAD 认证"和"UG 认证考试",给出下面两套不同类型的模拟试卷,供学校师生参考。

模拟试卷(一)

一、考试要求

1. 在 E 盘中新建以"学号－姓名"命名的文件夹,考试的全部文件保存在此文件夹下。

2. 考试结束后,将考试文件夹打包压缩发送至监考教师指定邮箱内。总分 100 分,考试时间 150 分钟。

二、考试题目

1. 根据给定"截止阀"部件的各零件图,建立其三维零件模型(65 分)。其中:①手轮 10 分,②填料盒 10 分,③密封垫圈 2 分,④密封圈 2 分,⑤阀杆 15 分,⑥阀体 20 分,⑦泄压螺钉 6 分。零件模型存盘的文件名均按给定零件图上的零件名称命名。

2. 生成零件"填料盒"的二维工程图,并标注尺寸及技术要求。比例、图幅、表达方法自定;工程图以"填料盒"命名存盘。(15 分)

3. 参照给出的"截止阀"部件装配示意图,建立其三维装配模型。装配模型以"截止阀"命名存盘。(20 分)

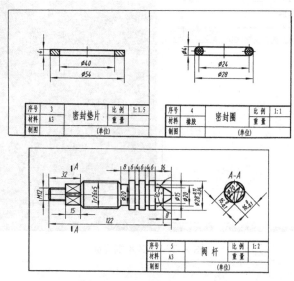

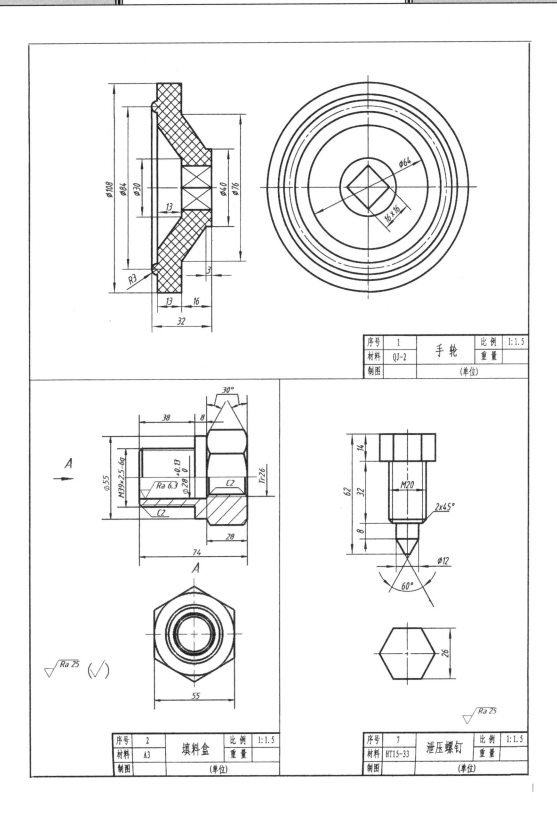

序号	1	手轮	比例	1:1.5
材料	QJ-2		重量	
制图		(单位)		

序号	2	填料盒	比例	1:1.5
材料	A3		重量	
制图		(单位)		

序号	7	泄压螺钉	比例	1:1.5
材料	HT15-33		重量	
制图		(单位)		

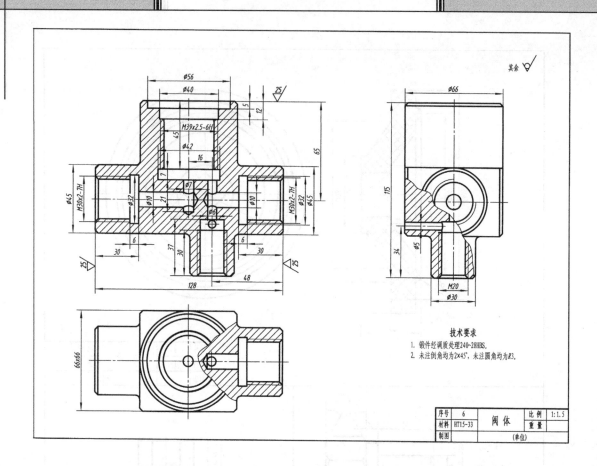

序号	6	阀　体	比例	1:1.5
材料	HT15-33		重量	
制图			(单位)	

技术要求
1. 锻件经调质处理240-28HBS。
2. 未注倒角均为2×45°，未注圆角均为R3。

部件的各零件图

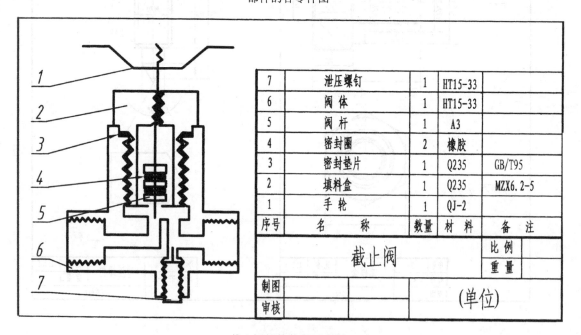

7	泄压螺钉	1	HT15-33	
6	阀体	1	HT15-33	
5	阀杆	1	A3	
4	密封圈	2	橡胶	
3	密封垫片	1	Q235	GB/T95
2	填料盒	1	Q235	MZX6.2-5
1	手轮	1	QJ-2	
序号	名　　称	数量	材料	备　注
	截止阀		比例	
			重量	
制图			(单位)	
审核				

截止阀部件装配示意图

模拟试卷（二）

一、考试要求

1．在计算机上完成所有试题。

2．在计算机 D 盘创建以自己准考证号为文件名的文件夹，考试中所有的文件都存放在该文件夹中。

二、考试题目

1．在计算机上完成所有零件的三维造型。（50 分）

(1) 轴，文件名为"1zhou"。（10 分）

(2) 滑轮，名为"2hualun"。（5 分）

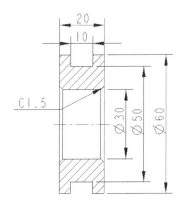

(3) 套，名为"3tao"。（5 分）

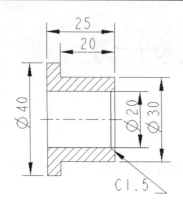

（4）托架，文件名为"4tuojia"。（15 分）

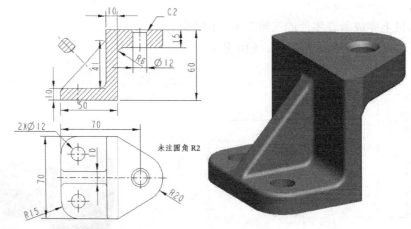

未注圆角 R2

（5）螺母，名为"5luomu"。（10 分）

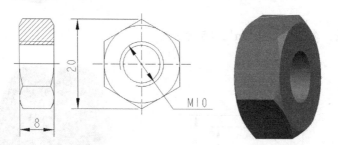

（6）垫圈，名为"6dianquan"。（5 分）

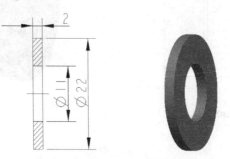

2. 利用生成的零件完成装配图，名为"zhuangpei"。(20 分)

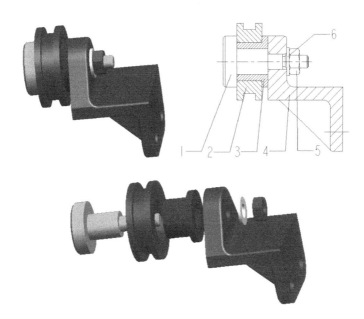

3. 完成如下造型，名为"zaoxing"。(30 分)

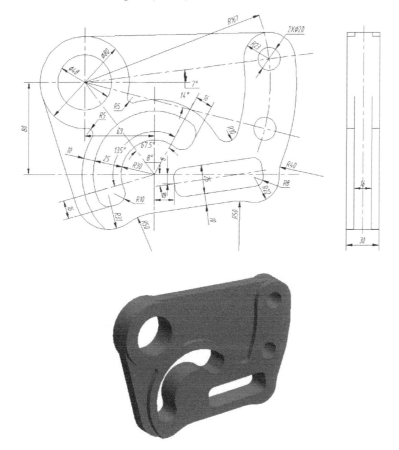